开阔

须弥•编著

北京理工大学出版社
BEIJING INSTITUTE OF TECHNOLOGY PRESS

图书在版编目（CIP）数据

开阔 / 须弥编著 . — 北京 : 北京理工大学出版社 , 2013.7
ISBN 978-7-5640-7692-4

Ⅰ . ①开…　Ⅱ . ①须…　Ⅲ . ①人生哲学—通俗读物　Ⅳ . ① B821-49
中国版本图书馆 CIP 数据核字 (2013) 第 084749 号

出版发行 / 北京理工大学出版社
社　　址 / 北京市海淀区中关村南大街 5 号
邮　　编 / 100081
电　　话 / （010）68914775（办公室）68944990（批销中心）68911084（读者服务部）
网　　址 / http：//www.bitpress.com.cn
经　　销 / 全国各地新华书店
印　　刷 / 北京泽宇印刷有限公司
开　　本 / 710 毫米 ×1000 毫米　1/16
印　　张 / 18
字　　数 / 225 千字
版　　次 / 2013 年 7 月第 1 版　2013 年 7 月第 1 次印刷
定　　价 / 29.80 元

加工编辑 / 侯瑞娜
责任校对 / 周瑞红
责任印制 / 边心超

图书出现印装质量问题，本社负责调换

序言：大气的人生最开阔

一个女知青为我们讲述了一个久远的故事：

那是一个夏日，我和当地农民一起钻进一人多高的庄稼地里干活，我不仅浑身都湿透了，还热得透不过气来。

已经中午12点了，我们那个死心眼儿的队长还不让我们收工，非得等干完，才让收工。我就很生气，一边在心里狠狠地骂着队长，一边在抱怨：为什么那些农民不说一句呢？我就这样又气又恨地干着，好不容易干完了。当我走出田地时，眼冒金星，当场昏倒。

后来，村民把我放到一个有水的阴凉地，我才渐渐清醒过来。

我难受得哭了起来，就问一个70多岁的大婶："您这么大岁数了，还这么结实耐热，您是怎么做到的啊？"大婶平静地说："我们都习惯了，不热庄稼怎么长呀？"

等回城后，我一直在思考大婶当年说过的话，慢慢就想通了：“她那是坦然地面对现实，自然就不会心生抱怨和愤怒，就能心静自然凉了。夏天的炎热属于自然现象，这是任何人都不可改变的外在环境，更重要的是，她知道那样炎热的天气对庄稼的生长有好处，这也是农作物的需要，这些都属于再自然不过、不可改变的事，所以人何必动怒，何必生气呢？”

以后遇事我就想着大婶当年说过的话，慢慢地，就能泰然地看开、看淡很多事情，不知不觉中，头晕、恶心、心悸、胸闷等不适现象就没有了，某些陈旧的疾病也慢慢好了起来。我还会从心底产生一种非常舒服的海阔天空般的美好心情，这提高了我的心性，也让我更深刻地体悟了人生。

我现在60岁了，我相信我健康开阔的心态迎来的将是以后生活的幸福和快乐。

这位女知青的故事告诉我们：凡事莫生气、莫抱怨、莫执着、莫强求、莫攀比、莫较真，将心胸放开，就能多接纳人、多包容人，就能接受现实，如此就能心胸开阔，心量宏大，与人相处得好，与世界“和光同尘”，拥有美好的幸福人生。

人开阔了，大气了，看开了，放下了，从容了，心也就静下来了，就能反思自己，看看自己的路是越走越窄、越走越烦恼，还是越走越阔、越走越喜悦光明。弘一法师思想的精华即断除我执，不受外物所乱，在繁复世间找到立命处。

在纷繁复杂、物欲横流的大千世界中，在快节奏的今天，人有太多太多的选择，人的杂念妄想太多，所承载的压力和各种负面情绪也空前得多，于是，很多人迷失了自我，妄失了本性，在浮躁、纠结、较真、抱怨、生气、失控中沉沦，感受不到生活本有的快乐和幸福。这就是心理出了问题，生命的程序被打乱了，也阻碍了个人的发展，其实，这些都可以用心态二字来概括。

比如，有些人小心眼，凡事与人斤斤计较，吃不得一点亏；有些人持非黑即白、不对即错的价值观，喜欢与人较真，在争论中争上风，太过执着于是非曲直的明辨；有些人经受一点挫折打击，就怨天怨地、自怨自怜，向周遭传递着负能量；有些人有愤青的资质，上怪国家，中怪父母，下怪他人，唯独没有深省他自己；有些人总是忘不了痛苦的过往，或者曾有过的短暂辉煌，或者对未来有过多的担心和恐惧；还有很多人妄想一步登天，一毕业就进入世界500强，拿高薪，当领导，做什么都能即时见效，马上就能看到结果，殊不知，在这种浮躁心态的驱使下，慢慢地，这类人做什么事都不能专心，不能沉住气，这样，羽翼未丰就会被折断。

种种负面情绪和负面心理交织导致的后果就是人情绪的失控，整个人瞬间崩溃，这无疑会毁了一个人，所以，人要修炼心性，让心在任何时候、任何场合都能自由伸缩，可以收缩到如毫毛一般纤细，也可以无限扩张成一座巍峨宝塔。当心扩大到与虚空、宇宙一样浩瀚了，我们的心就能变得无穷无尽，承载任何事物了，这就是修心的极致了。

我们每个人都需要修心，完全掌控了心量的大小，就能拥有宁静的心境、高远的视界，就能冷静地处事、谦卑地做人，就能左右自己的一切，让生命得到释放和解脱。

抬头看看瓦蓝无垠的天空，低头看看厚德载物的大地，想象此刻你正站在上面，飘浮在无边的宇宙之中，把心灵的焦点从外界纷扰的人和事中拉回来，去管好自己，彻底反省自己，彻底认识自己，找出你现状的真正原因，去彻底改变自己，戒掉浮躁、抱怨、生气等不良习惯。假以时日，你就会惊喜地发现，你的生活有了很大的改观，你已经不再是那个人见人厌、人见人躲的可怜人，而慢慢变得平和、慈悲、柔软、沉稳、淡定、从容、可爱、灵气、可敬，你生活中的矛盾少了，自己精进了许多，精气神也开始慢慢回升，你开始昂首阔步，走在开阔的人生路上。

如今的时代，是一个大智慧决定成功的时代，所以跟随本书儒释道的哲理小故事，去领悟自由开阔的大智慧，你就能真正地收获宁静、快乐、幸福、成功等一切美好的东西。

目录

第一章　不浮躁：手把青秧插满田，低头便见水中天

第二章　不纠结：与其万般纠结，不如顺其自然

第三章　不较真：遇事不钻牛角尖，人也舒坦，心也舒坦

第四章　不抱怨：暮色苍茫看劲松，乱云飞渡仍从容

第六章　不失控：心地清净方为道，退步原来是向前

第七章　幸福其实很简单：菩提只向心觅，何劳向外求玄

第一章
不浮躁：
手把青秧插满田，低头便见水中天

意粗，性躁，一事无成

沉住气，命运会暗自成全

弯得下腰，抬得起头

慎独则心安，心安则清净

不思过去，不念未来

失意时且宽心，学会对自己说不要紧

……

意粗，性躁，一事无成

处事大忌急躁。急躁则自顾不暇，何暇治事？

——弘一法师

意粗，性躁，一事无成。顾名思义是指心性急躁、粗心大意的人，处事往往不能认真思考，待人不能“修己以安人”，治家不能百忍以致和，这样的人很难成就一番事业。浮躁的人就如下面故事中跌跌撞撞的捕蝶人。

花丛中，有个人正在捕蝶。确切地说，他是在扑蝶。

他一会儿上蹿下跳，一会儿忽左忽右，没多久，就累得气喘吁吁。但是翩飞的蝴蝶并不理会他，每当他扑来时，蝴蝶都会轻舞翅膀，翩然而去，让他扑个空。而蝴蝶却在花丛中继续玩乐跳舞。

花丛中另一人则在静静作画。他并不理会蝴蝶的欢乐舞，也不理会那个捕蝶人的洋相百出，他只是沉浸在花丛中静静地画花朵。

他的每一笔都很认真，他把每一朵花都画得鲜艳无比。果然，不一会儿，就有蝴蝶翩然而至，轻巧地落在他的画上。

他看着蝴蝶亲吻着他画的花朵，欣然一笑，那笑容也成了一朵花。

捕蝶人鲁莽、急匆匆，甚至有点张牙舞爪！即便他真的捉住了蝴蝶，那蝴蝶也非死即残，没有任何诗情画意可言。这就是急躁、浮躁的表现。

很多人就如这捕蝶人，刚毕业两三年或者三五载，就急于马上表现，马上要个身份，想开公司，想当领导，但一般人都是很难达到这个目标的。因为能力的增长和心态的修炼需要一个过程，需要时间的积累。

只有沉住气、降低身份、不浮躁、暗暗积蓄能力、增长见识，各种好的机会才会向你打开。

所以，即便你不幸或者无奈从事了一份不喜欢的工作，你也要干得踏实；即便和农民工一块儿搬麻袋，你也要扛得欢实。如果他们能做的，你能做；而他们不能做的，你也能做，你自然就脱颖而出了。有时机会就藏在做好每一件事的过程中，做好一件事往往有可能会带来新的机会。

现实生活中，我们会遭遇种种挫折，碰到诸多不公，很容易就会变得浮躁。可以说，浮躁心态是现在普遍的一种存在，很多人都妄想一步登天，做什么都能马上见效、马上有结果。慢慢地，干什么事都不能专心，他们的心灵就被蒙上浮躁的阴影。这样，羽翼不但不会越来越丰满，还会因此而折断。

一位年逾半百的老总在公司新人见面会上分享了他年轻时的事，让人很是感慨。

我初中的时候，家里还没有收割机，去地里割麦全凭双手和镰刀。

那是我第一次割麦。所以刚开始时我很是兴奋，但是不一会儿，手就疼了，我就开始频繁地站起来看看还有多远才能到头。但是每次看，总感觉还是在原地收割，没有一点前进。于是，我就开始烦躁不安，还自言自语地说："怎么还在原地啊，什么时候到头啊！"我这抱怨声被前面的老父听见，他就对我说："别抱怨了，沉下心，低下头，一镰刀一镰刀地割，不要往前看。"

我也没有其他办法，当时已经大汗淋漓，唯一能做的就是按照父亲的话去做。别说，我不再抬头往前看了，只一个劲儿地割，不知不觉中，已经走到了地头。

当时，我没觉得父亲的话有多了不起，或者有什么深意，但是随着年龄的增长，随着我背井离乡，来大城市闯荡，经历过很多事后，我才领悟到父亲话的深意，那就是：干什么都不能眼高手低，要沉下心来专一做事，哪怕是琐碎的事、自己不喜欢的事。因为眼光太近了，就不会找准方向；眼光过于长远，就很难完成，这对自己自信心的树立无益。所以，不浮不躁、不懈不怠、沉住气专一做事，才会找到希望。

正是凭借着遇事不急不躁的心理，那个老总的公司经过了经济危机，几次濒临破产却又东山再起。

不浮躁、专注、学会低头做事是一种聪明和人生智慧，也是一种大度和从容。

闭上双眼，什么也不要想，只感受身边的风触到皮肤的感觉，让自己的心灵舒展，让自己的身体得到休整。然后让意念集中，让性情和缓，让微笑浮到脸上，开始专一做事。这就像掷箭投壶一样，有专注力的人也能用一个小石头砸死一个巨人。人生如果能达到此等境界，就万事可成。

沉住气，命运会暗自成全

日日行，不怕千万里；常常做，不怕千万事。

——弘一法师

一位老师奉行的做人准则是：我不讨好巴结谁，也不伤害作弄谁，我要凭借自己的努力和能力得到生活的相应回报。多年来，他在学校一直积极工作着，但是生活偏偏与他过不去，在评定职称时，他竟然莫名其妙地落选了。

他很震惊和愤怒，他想不明白：在工作能力、学历、资格、发表学术论文等软的硬的条件上，我样样都不差，我怎么可能被刷下来呢？

他极度苦闷和抑郁，就去山里找高僧倾诉。他愤恨地说："这口气我咽不下去，我明天就去找领导理论，我还要去医院开病假条，先罢工几个月。"

高僧只是静默地听着，只是在他临行前，双眼紧盯着他，然后短促有力地说了一句话："人，要沉得住气！"

在下山路上，他再三回味高僧的话，忽然就改变自己的主意。

第二天，他没有像泼妇那样大闹领导办公室，也没有赌气去医院开病假条，而是像往常那样平静努力地工作。他一如既往工作的行为引起了同事们的议论，也引起了领导的注目。领导终于答应重新考虑对他的考评，后来经过很多波折后，他终于得到了应该属于他的职称。

试想，如果当初他去领导那里闹事了，无异于自揭短处给人看，就很难出现可喜的结局。

经过这次风波后，每次遇到不称心如意的人和事，他总会想起高僧“人，要沉得住气”这句话。只要想起这句话，他就能马上冷静下来，不会因为追求一时的畅快而让生命的百宝箱毁于一夕。

这位老师在硬件和软件上都无可挑剔，还遭遇了这样的风波，那么尚处于事业早期的不具备这些软硬件的人不是更应该学会沉住气吗?

易中天教授在《闲话中国人》中谈到，人生有三“得”，即“沉得住气、弯得下腰、抬得起头”，这是有理想、有抱负的人生观的体现，也是古往今来成大事者不可或缺的精神气质与处世准则。所以，在自己还没具备足够实力的时候，应该学会沉得住气，不要争一时之功，意气行事，这样才能以一颗稳定、清醒的心去面对一切，而这也是一个人成熟与否的标志。

一个年轻人暗恋一个姑娘三年了，这天他终于鼓起勇气向她表白，但是姑娘说：“我还小，还不想谈恋爱。”说完就头也不回地走了，只留下痛苦的小伙子木木地站在寒风中。

看着自己心爱的姑娘远去的背影，他的心碎了，有那么一刹那，他真想追上去狠狠地揍她一顿，但他忍住了。

过了不久，他恢复了平静，他又一次找到了姑娘，他一字一字地说：“我会豁出我的青春和生命等你长大。”

从那以后，他把心思全放在了工作上。对于目标，他开始变得不强求立刻就能实现，他愿意默默努力，默默等待，就像等待自己的姑娘；每次焦虑、浮躁来袭时，他也用镇定、沉稳来对待。

慢慢地，他的性格发生了转变，在社会这个大熔炉里，他逐渐从幻想到实干、从生涩到娴熟、从慌乱到从容，他学会了做人做事，他变得越来越稳健。

三年后，他心爱的姑娘来到了他身边。她不知道，此时的小伙子已经变成一家外贸公司的高管。

这就是沉稳的力量，也正如佛法所说：众缘所成，等到一切条件具备，则能功到自然成，而欢喜、成就常在沉不住气的情况之下，有所闪失。小伙子沉得住气，克制住一切干扰，因此不仅赢得了人生路上的成功，也迎来了自己的爱情。菩萨修佛也是同样的道理。

无著菩萨是印度一位弘扬佛法的大菩萨。在他刚开始学佛时，他对佛经的有些密义始终难以清晰地把握，他很想当面向弥勒菩萨求教，但是弥勒菩萨已经修行得道，肉身已经不在人间，所以，他只好前往鸡足山，希望通过自己的修行能够得以见上弥勒菩萨。

他在山中闭关修行了六年，还是没能见到弥勒菩萨，连一个吉祥的梦兆也未出现。他有点失望，心灰意冷，决定下山。他打开房门，看见外面一位老人在石头上磨铁棒。他上前询问，老人告诉他：“我要将这个铁棒磨成一根针。”受此启发，他重又回禅房继续忍受孤独，继续修炼。

三年过去了，他还是没有见到弥勒菩萨，他有点绝望，又萌生退意。他打开房门，这次他看见的是一个人正用羽毛蘸水桶里的水，在拂拭那块岩石。他上前询问，那人告诉他：“这岩石挡住了我家房子的阳光，我准备将此石拂尽。”他又受到启发，赶忙回禅房，继续修炼。

三年又过去了，他还是没有见到弥勒菩萨，他彻底绝望。打开房门，他看见一只饥饿的狗躺在路旁。他顿起慈悲心，赶忙从自己身上割下一块肉给狗吃。他看见狗的下半身已经腐烂，上面满是蛆。他想抓掉狗身上的蛆，但是又怕狗受疼，于是，他就蹲下去，闭目用舌头去舔，结果他舔着的是地面。

等他睁开眼睛的时候，他看见了弥勒菩萨。他悲喜交加，抱怨起弥勒菩萨来，说："我苦苦修行十二年了，您为何迟迟不见我呢？"

弥勒菩萨笑笑说："我一直都在你身边，只是你功夫未到，无缘得以看见我罢了。"

无著菩萨沉住气，一心修炼，终于见到了弥勒菩萨。我们要想成长、成熟，取得人生的进步和成功，也需要耐心修行，也需要功夫到家。

农村人有句话："稳着不少打粮食。"意思也是教人要沉得住气。这句话对一个人的成长、做人做事、品质修养都有着重要的意义。尤其在当下经济社会转型的时代，大家最缺乏的就是恒心和耐心。如果一个人能"沉得住气"，自然就会在浮躁的人群中"脱颖而出"。

做人要沉得住气，做事才能稳住阵脚。沉稳可说是我们生存的重要法宝。所以，在时机未成熟的时候，一定要审时度势，切不要把那些小耻小辱放在心上，这样才能积蓄力量，以图后起。做人低调，也能隐藏自己的实力，让自己站稳脚跟。

所以，沉得住气，是一种素质，一种能力，更是一种优秀的习惯，我们当不断修身养性，努力修行之。

弯得下腰，抬得起头

为人之要则，当抬头时观云，低首时看路，

于学中思，于苦中行，善养浩然之气、谦卑之性，方能大写人生。

——弘一法师

在自然界中，我们经常会看到很多奇特的事情，比如，雪山上唯有雪松能存活下来，且生机勃勃、郁郁葱葱。那么雪松有什么强大的本领呢？

它的本领只是当它经受不了雪的压力时，会弯曲自己的树枝，让雪落下，之后它就能保持原样，继续生长了。

台风就如一只巨大怪兽，它踏平房屋，连根拔起树木，但是它会放过小草。小草有什么奇异的本领呢？

小草的本领就是它不会像大树、房屋那样总是挺直腰板，抵抗台风，小草会屈身弯腰，主动给台风让路，这样就能毫发无损，狂风暴雨之后，依然绿意盎然。

雪松、小草懂得弯腰，所以保全了自己。这何尝不是一种智慧。如果人也懂得“弯腰”，能屈能伸，去笑着承受人生路上的风风雨雨，不是同样能避免伤害，最终抵达成功的彼岸吗？

生活中，困难、挫折就好似一扇扇门，不可能面前的每一扇门都宽敞明亮，符合我们的身高体型，它们或矮或窄，聪明的人懂得适时地弯一弯腰，侧一侧身，而固执者则不懂得变通，遂经常撞南墙，甚至被撞得头破血流。

西方有句谚语：“宇宙只有五尺高，要能容下六尺之躯必须低些头！”我们来看看美国著名政治家富兰克林刚“出道”时的一则故事吧。

年轻的富兰克林要去拜访一位老者，当时的他高大魁梧，喜欢昂首挺胸，迈着大步走路。他一进老者的门，头便重重地撞在门框上。他没有想到老者的屋竟然是一座矮草屋。

老者笑脸相迎，说：“这是你今天来拜访我的最大收获。年轻人，请记住：要想成功，就必须时时记得低得下头，弯得下腰。”

这句话深深地影响了富兰克林，使他成为18世纪美国最伟大的科学家和发明家，著名的政治家、外交家、哲学家、文学家和航海家以及美国独立战争的伟大领袖。所以，他说出了那句流芳百世的名言：“人，要昂首天下，但也要时时记得低头。”

人生必有阻碍，如果我们能够适时弯一弯腰，就会在隐忍沉默中以一种从容的心态去面对眼前的境遇，这是一种曲中求直的境界，是一种审时度势、大智若愚的胸怀。

几个好友在餐厅把酒言欢。他们因为工作忙，已经很久没有聚会了。所以，不一会儿，他们就开了几瓶酒。志磊喝高了，他一边搭着朋友的肩膀，一边海吹起了自己，说自己如何有能耐两天就拿下了一个大单子，还扬言很快就可以和女朋友去度假了。

说到兴头上，他就站了起来，他把手一扬，说：“你们等着瞧，等我拿下三个单子，我就和女朋友去海边度假去。”说完还重重地拍了一下桌子。

他没有注意到服务员端着一瓶酒走过来。说也巧了，在他扬起手的瞬间，他正好打在酒瓶上。顿时酒瓶碎了一地，酒和玻璃渣子溅在了志磊的鞋子和裤子上。

服务员很惊恐，连忙道歉，她的表情比哭都难看，因为她害怕这位客人让她赔那瓶酒，难缠的话，还可能会让她赔鞋子和裤子，还有可能借机不买单了，如果他去老板那大闹的话，自己还可能走人。想着，女服务员就小声哭了起来。

这时，酒店老板正好走了过来，他见状赶忙从口袋里掏出纸巾，弯腰蹲下去给志磊擦皮鞋，还有裤子。

这一折腾，志磊就酒醒了。他赶忙把老板扶起来，说：“这是干什么，我喝多了，不小心把酒碰倒了。不怪这小姑娘，您可别难为她。”

刚才老板迅速为他擦鞋的神情，就像是为他自己或者家人擦鞋似的，这让志磊很震撼和受宠若惊。

老板淡淡地说：“谁碰倒的并不重要，您是我们酒楼的客人，您的鞋子脏了，我帮您擦，这是我的责任。”

那一刻，酒店没有一个人觉得这个老板低人一等、一副奴才相，反而觉得他谦卑有礼、大气磅礴。

可见，适度的弯腰并不是懦弱，也不是没有骨气的表现，而是一种气度，一种坚忍，更是一种智慧。弯腰的智慧在服务行业显得尤为重要。

印度孟买佛学院的新生在第一次进校时都会由该校教授把他们领到该学院正门一侧的一个小门旁，让他们每人进出小门一次。这个门只有 1.5 米高、0.4 米宽，一个成年人必须弯腰侧身才能过去。这个独特的行为诠释的就是佛家弯腰的哲理，其实也是人生的哲学。

据说一个大公司仿效了孟买佛学院这一独特的行为。这家公司也在公司正门旁凿了一个同样大小的小门，要新人上岗前进出小门一次。

人事主管是这样给新人解释的：“咱们做的是客服工作，整天和客户打交道，客户脾气、性格千奇百怪，你们处理投诉电话的可能性会多点，遇到难缠客户的概率大些，所以你们要学会弯腰，学会用微笑、好脾气化解矛盾，化解客户的怒气。客服工作做久了，你们就知道弯腰的智慧所带来的好处了。”

俗话说：“要成功，何妨低头；为处世，必须忍耐。”所以，我们要低得下头，弯得下腰，懂得及时规避，蓄势待发，从而成为人生的赢家。

抬得起头，是说人生于天地间，当活得豪迈、潇洒，有豁达宽广的胸怀，无论身处逆境还是顺境，都能保持一种乐观进取的心态。被林语堂称为“不可救药的乐天派”的宋朝文人苏东坡就是我们学习的榜样，他坚韧豁达，在逆境中乐观前行。可以说，他并没有被挫折打败，反而在人生低谷中豪迈地“抬起了头”。

苏东坡的仕途之路异常坎坷。他一生经历了五位皇帝，两次在朝任职，两次外放，两次被贬，甚至还曾遭遇牢狱之灾，险些丧命。

他因牵涉“乌台诗案”，被捕入狱。但是在狱中，他仍保持了倒头就睡的习惯。

相传神宗皇帝曾派一名亲信到监狱中一探虚实，看看苏东坡是不是心中有鬼，是不是在诽谤、攻击朝政。

那亲信拿着包袱，一言不发地走进牢房。东坡没有理睬他，而是自顾自地躺下，不久就鼾声如雷，一觉睡到天明。

那亲信详说了狱中探视的过程，神宗就认为苏东坡应该问心无愧，遂赦免了他。

如果换作他人，受到那么多挫折和失意，恐怕早就一蹶不振了。但是苏东坡就是苏东坡，不仅能活下去，还能活得更好。他不仅吟诗为乐，还发展出耕地、烹调的爱好。他始终都以一种乐观豁达的人生态度来对待生命中的得意或失意。他承认人生有诸多不如意，不自欺欺人，同时坚信人的努力能获取各种如意。

所以人生在世，当低头时要低头，当弯腰时要弯腰，当昂首时要昂首，在低头时要知道尊严，在弯腰时要有远视，在昂首的时候不忘谦卑，如此才能不失去自我的中道人生。

慎独则心安，心安则清净

心不妄念，身不妄动，口不妄言，君子所以存诚。

内不欺己，外不欺人，上不欺天，君子所以慎独。

——弘一法师

曾国藩临死前曾告诫孩子：“慎独则心安。自修之道，莫难于养心；养心之难，又在慎独。能慎独，则内省不疚，可以对天地质鬼神。”曾国藩一生都用此二字来砥砺自己。

仔细想想，曾国藩所言极对。人在独处时，也要谨慎小心，自觉遵循法度和道德，不要因为别人不在场或不注意的时候而干坏事、做不得体的事。

慎独可以说是一种修养境界，一种自觉修为，一种自律精神，也是一种坦荡心怀。能慎独的人，不人格分裂，不做亏心事，自然吃得下，睡得香，身体健康寿命长。

历史上以“慎独”出名的人物，名声最大的当属东汉安帝时的荆州刺史杨震。他“暮夜”拒贿的故事千古流传。

《后汉书·杨震传》中这样记载：杨震去荆州赴任，途径昌邑。昌邑的县令王密，是杨震当年举荐上来的。王密为了报杨震当年提携之恩，在一个寂静的夜晚，怀揣十斤银子送给恩师，杨震铮铮铁言，当场拒绝接受。并说："我举荐你是因为我了解你，你这样做是太不了解我了。""天知，地知，你知，我知，怎说无知？"王密听后十分羞愧，只好带着礼物狼狈而回。

这是"慎独"的典型。人遏制了自己的贪欲，连其中最隐蔽微小的地方也不放过，行事遵循自然之理，一刻也不间断，这样内心时时自省且无愧于心，心胸自然安泰。当然，这个典型故事离现代社会有点遥远。下面这则故事比较贴合现在的我们。

小牧一年冬天回老家，走在路上发现一叠百元钞票。因为近视，他低头又看了两眼，确定是钱后，马上走人。随后发生什么事，他就不知道了，只是当时他满脑子想的都是佛陀说的"金钱是毒蛇"。

"人生而有欲"，这是人与生俱来的天性。在物欲横流、唯利是图的商品大潮中，能有这样的思想，真是难能可贵。

在现代社会，"慎独"又被赋予了新的时代意义，即慎独更多的是指谨慎地独处，要经得起诱惑，耐得住寂寞。

现在社会节奏加快，人与人之间接触也日益频繁，我们不得不去与形形色色的人打交道，不断变换自己的角色，我们无时无刻不在承受各种价值观念的冲击和影响，并不断调整自己的言行。

我们一边喊累，抱怨压力大，但是当这一切都停止，我们独处的时候，我们反而会不知所措，只要和自己多待一会儿，就像是在遭受一种酷刑，内心会产生一种"自己找不到自己"的感觉，陷入虚无、怕面对自己的境地。

于是，只要闲了下来，我们就必须呼朋引伴，找个地方去消遣。

我们的日子表面上过得十分热闹，但是我们的内心极其空虚。陷于这种情形下，就说明我们已经迷失自己的心性。一个哲人说过：大抵我们惧怕面对自己，是看到了自己的贫乏。与贫乏的自己相对，是最没有意思的事，远不如无聊的消遣有趣。只是这样做就会陷入一个恶性循环。我们会变得越来越贫乏，越来越不愿独处，越来越找不到自己。

曾国藩从20岁起就开始力行古人的“慎独”，他改号涤生，取涤其旧染之污之意。

他追求的是一种内在的精神境界，他的这种价值取向，使他很自然地走上了自省、自责、自胜、自强的圣贤之路。

在江河日下的末世，曾国藩，一介文人，却投身官场和战场，他既要迎战强敌，又要应付清廷的猜忌，他时刻处于“如履薄冰，战战兢兢”的险境，但他都能理顺各种错综复杂的官场关系，而不致招来杀身之祸。

他甚至有数度自杀未遂的经历，但最终却挽狂澜于既倒，扶大厦之将倾，平定大乱，再造“中兴”的不世伟业。

这一切都可以归结到他的“慎独”修身处世之道上。他下的慎独功夫就是每天给自己独处的时间，用写日记的方式来检查自己的心理和行为。

所以我们或静坐斗室，或漫步湖边，或在列车上时，不妨写写日记或者打打腹稿。让自己浮躁的心出离外界的干扰，让自己进行思考，与自己真正面对面，来个真诚相拥。只有当一个人对自己的一切都了如指掌时，他才有清晰的自我观念。他敢于与自己对话，敢于深层剖析自己，他才会觉得充实、富有创造性，也会慢慢肯定自己，接受自己，成为他自己，心情也会慢慢变得安宁祥和。

独处是一种生活的艺术。独处时对人对己要保持一种客观而公正的态度，这样才能更有效地面对现实，也才能积极地肯定自己，理解他人，适应环境。

对现实的接受与肯定是心理健康的标志，也是走向成熟的开始。反之，一个人惧怕独处，就说明他的依赖性很强，缺乏自主性和独立性，因此也就越不成熟。

所以，慎独是一种能力，它决定了一个人能否建立一个相对自足、充实的内心世界，同时，也决定了他与外界世界能否和谐。

谨慎独处，安于寂寞，慢慢安下心来，不断地进行内在的整合，就能建立起生活的条理，就能给自己打足重新面对世界的勇气。慎独也是一种创造的契机，诱发出关于存在、生命、自我的深邃思考和体验。所以，慎独是一种充实，让我们找到自己，重新做真正的自己。

不思过去，不念未来

静能制动，沉能制浮，宽能制褊，缓能制急。

——弘一法师

安心是一个心理咨询师，她最近头很大，不得不接受另一心理咨询师的心理咨询。

安心说：“几年来，我一直不断听到身边朋友和大量顾客抱怨‘烦死了！’，抱怨的主题从没离开过工作中的领导、同事、家人，还有对未来无休止的担心。他们有时情绪激烈，言语过激，他们的语调和声音就像乱棍会打死我似的。这一阵，每晚我都会做噩梦，梦到的全是顾客抱怨的事情。抱怨的内容就像天罗地网，不仅裹挟得他们透不过气来，连我也喘不过气来了。

“在我眼里，他们其实都具备幸福的条件，有的有贴心能赚钱的老公、不多事的婆婆、可爱健康的孩子，有的还有一份令人艳羡的工作，有的还拥有房子和车子。但是他们怎么总是没完没了地抱怨呢？”

我们姑且不谈安心这个心理咨询师的心理承受能力问题，但是她倾诉的却是大众普遍存在的心理，即抱怨的多是发生过的、过去的事情，或还未可知的、未来的事情。

为什么人们都停留在过去未来，不能专注在当下，不能享受当下呢？时间分分秒秒地过，我们有多少时间花在抱怨上、耗损在过去上啊？有很多事情连续几年都不能忘怀，心缘何如此狭窄呢？背负着太沉重过往的人，自然无法感受正在经历的每一个精彩瞬间。

下面禅师背女人过河的故事就是一个很好的启示。

一禅师和徒弟去传教，刚走到桥边，山洪暴发，桥梁被冲毁。

师徒二人还没回过神来，就看到一年轻貌美的女子在他们身边叹息，说她有急事，需要马上过桥。

禅师见状，就自告奋勇地说："老衲愿意背你过河。"

女子急得早已花容失色，就不顾男女有别，跨上禅师的背，过了桥。禅师把女子背到了河对面，放下女子，就与之各奔东西了。

跟在身后的徒弟一直在想："师父一直教授我们男女授受不亲，今天遇见一个美丽的女人，就欢喜地背她涉水过河，这是什么道理啊？"

碍于自己是徒弟，他也隐忍不发。

一天天过去，一月月流走，这个徒弟还是放不下这件事。

有一天，他实在按捺不住，就对师父说出了自己心中的疑问。

禅师一听就大笑起来，对他说："徒弟，自从我把那女子放到河对面后，我就放下了，忘记了，你还在想这事，这说明你把那个女子背在心上，而且一背就是几个月，真是太辛苦！太辛苦了！"

类似徒弟背在心上的事有很多，它可以是一段不开心的友情、恋情和婚姻，令人纠结的亲情，曾经遭受过的屈辱，与不同人的矛盾，还有各种杂念妄想，总之都是人生的是是非非、恩恩怨怨、患得患失、善善恶恶。

在现在过劳死也频频出现在我们视野的社会，我们为何不能卸下心里的担子，走出过去的阴影，让我们的精力和心念放在当下呢？只有真的放下沉痛的过去，活在当下，我们才不会错过沿途的美景，感受生命的美好，活得自由洒脱。

很多时候，我们要学会更理性和宽容。因为过去的事，在过去一段时间后，你如果再去静静思考，就会发觉，很多事其实没有对错之分，这样想，就会平衡、释然许多，然后就会慢慢忘记，放下，真正拥抱当下。再过一段时间，你回头再想积压自己多年的陈年旧事，就会觉得自己真是白活了那么多年，早一点想通，就会早一点放下，释放自己。

很多人放不下过去的沉痛或者美好，还有很多人担心的是未来，对未来无休止的担心，怕将来老无所依，怕爱人将来会背叛自己，怕工作不保，怕将来的各种压力，其实将来很多事都是由现在的自己决定的。只有把充沛的精力应用在现在，应用到当下，未来才可能结累累硕果。林清玄说过："昨天的我是今天的我的前世，明天的我就是今天的我的来生。我们的前世已经来不及参加了，让它去吧！我们希望有什么样的来生，就把握今天吧！"

其实若想心无挂碍，郑板桥说的一句话更有哲理，即"当下心安，非图后来福报也"。郑板桥一生淡泊明志，刚正不阿，他做人做事都是完全出于本心，出于当时的无悔于心，并不受佛家"善有善报，恶有恶果"因果论的影响。这样的人生没有一点负担，不是更洒脱的人生吗？这样的人生更能取得成功，得到幸福。

所以，把我们所有的爱和智慧倾注到眼前的人、身边的事和此刻的心情上吧，只有真正融入当下的生活，才能把心安在当下，真切感受这真实的生命和跳动的生活。

失意时且宽心，学会对自己说不要紧

人褊急，我受之以宽宏。人险仄，我待之以坦荡。

——弘一法师

人生在世，难免会有各种失意和遗憾，遭遇各种失败挫折。得意时，人很容易忘形；失意时，人很容易失神，失去斗志。其实，不管有什么样的消极悲观心情和行为都是无用之举，一切当以心宽化解之。

人生本来就是一个修炼的过程。什么时候能把自己的心修炼到即使处在冰冻三尺之下也不会凉，那我们的人生也就接近圆满了。

松下幸之助曾说过一句很透彻的话，他说：一个人跌倒了就要学着站起来，而且更要往前走。跌倒了能够站起来，只能做到半个人，而能够站起来，再继续往前走，这才能算是一个完整的人。

下面我们来看看这个硬汉企业家是怎么站起来，怎么再继续向前走的。

松下公司刚成立不久，日本就发生了百年不遇的狂暴台风，不仅日本经济蒙受了巨大的损失，松下的公司也遭到了几乎毁灭性的打击。

松下公司没有人员伤亡，但是新建的工厂及其工厂里的一切已经变为一片废墟。时任松下公司厂长的后藤清一，也就是后来的日本三洋电机公司顾问，他看到这一切后很是心痛失望，他想：公司刚成立，新厂也刚建成，正准备全力生产，大干一场，现在什么都没有了，松下先生一定会很沮丧难过的。

当时，松下夫人也因为身体不适而住院，松下先生一直等到台风停止、太太病情稳定后才急忙赶到工厂。他平静地听完了后藤清一的悲痛叙述，就说："后藤君，这没什么要紧的。"

松下先生仔细端详着纸扇，沉默片刻后说："不要紧，不要紧的，跌倒了就应该爬起来。就像小孩子学走路一样，如果不跌倒就学不会走路，我们大人也是啊，跌倒后，我们应该立即站起来，而不是号啕大哭。"

不久，在别人还在哀叹、大骂台风的无情时，松下先生的新工厂又在原来的地方建好了。台风的速度快，但是松下的速度也没有慢多少。

这就是素有"经营之神"美誉之称的松下幸之助早年创业的事迹，从中我们可以一窥一个传奇企业家的宽阔心灵。

一个很著名的学者经常饱受争议，工作上遭受接连打击，先是遭到与自己共事多年的同事的诬蔑，接着遭遇学历造假门，之后是降职，网上谩骂声一片，处在人生风口浪尖上的他在接受一媒体采访时，说了一段话，很是让人感动。他说："幸好我的父母大字不识，且常年居住在农村，他们不会上网，他们也不看报纸，他们不知道有人在骂我。"

如果我们遭遇这种倒霉和不幸的事，遭遇这种舆论的攻击，我们会怎么做？它比生活中一般人失意的事都要严重得多。他们选择的是一颗乐观、豁达、调侃的平常心，我们一般人就更应该如此。

下面再看一个生活中的例子。

小莲是个多愁善感的女孩，觉得自己每天都有很多烦心的事，情感上也经常失意，为了早日结束这样苦痛的日子，她去山上拜见一位高僧。高僧给了她三字箴言："不要紧。"

回来后，她端端正正地把这三个字写在了日记里。每当有不高兴的事时，她都会翻看自己的日记，用这三个字来安慰自己，减少自己的挫折感，抚平那被破坏的心情。

在她 27 岁时，她喜欢上英俊幽默的小伟。他对她来说很重要，小莲确信他是自己的白马王子。但是有一天晚上，小伟婉转地对她说，他只是把她作为一般的朋友。小莲以他为中心构造的世界瞬间土崩瓦解。那晚，小莲哭了一夜，再翻看自己日记里的那三个字时，觉得很荒唐。

她喃喃自语："很要紧，我爱他，我喜欢他那么久，我为他付出了那么多，没有他我就不能活。"

但第二天醒来，当她再看到这三个字时，她开始重新思考自己以前的想法："小伟很要紧，我自己也很要紧，快乐幸福的生活也很要紧，我会希望找一个不爱我的人结婚吗？"

日子一天一天过去，她也慢慢想通，从思念小伟的情网里走了出来，她不再回想与小伟在一起的点点滴滴，开始把精力放在工作上，放在整理自己的外形上。她竟然发现，没有小伟，自己一样也可以活，而且活得更精彩。慢慢地，她就控制住了自己的悲伤情绪，开始大笑起来，这笑是从心底笑出来的，已经不是刚开始时的强颜欢笑。

就这样过去了两年，一个更适合她的人真的就来了。在她兴奋地筹备结婚的时候，她把“不要紧”这三个字从自己的日记本里撕了下来。她觉得这三个字已经刻在自己的心里，她也相信自己的生命中不会再有那么多挫折和失望，当然她更相信的是自己的抗挫能力。

漫长的人生旅途，我们总会经历失意、失恋、失业等各种打击以及各种想不到的天灾人祸。种种不如意不可怕，只要我们有一颗乐观坚强的平常心，有强大的抗挫能力，会对自己说不要紧，自己能及时省悟，而不是自暴自弃，破罐子破摔，我们就能由此踏上另一条通向成功和幸福的大道。

失意痛苦时，不妨大哭一场，彻底释放自己的坏情绪，然后再反思自己，这才是真正善待失意、善待自己，我们也才能走出人生的低谷，找到属于自己的那一片天空。

享受美妙的过程，而非结果

会心当处即是，泉水在山乃清。

——弘一法师

公园里，一个年轻人正焦急地等待着女朋友。他来得有点早，因此就开始长吁短叹，抱怨起女友来。突然间，一个天使出现在他面前，对他说：“我有一样东西，只要按动按钮，就可以跳过等待的时间。”

年轻人想跳过等女友的时间，就按了那个按钮，女友立即出现在他面前。

他又想：“如果能马上和她结婚就好了。”想到就马上按了那个按钮，这时，展现在他面前的是穿婚纱的漂亮女友，她在红地毯上正深情款款向自己走来。

他又想：“如果我们现在有孩子该多好。”就又按了那个按钮，顿时，他就身处产房中，妻子正抱着一个可爱的孩子给自己看。

他又想：“养孩子很艰辛，孩子直接长大该多好。”他又重复了那个动作。但是这次出现的却是老态龙钟的自己。自己那长大的孩子正打算把自己送进养老院。

天使问他，还要快进你的人生吗？他垂头丧气地说：“下一步，我就该告别人间了，我拥有了房子、妻子、孩子、票子，但我还没有真正享受过它们，我就这样离世吗？”他开始央求天使。

瞬间，天使又把他带到正等女友的那个小公园。

他开始安静等待，开始认真地追女友，开始比以前更卖力地工作，对人也比以前诚恳友善许多，只有他自己知道：他要一点一滴地享受生命，享受生活。

有些人会说：“过程重要，但是结果更重要。没有结果，再美妙的过程也白搭。而结果却决定着别人对自己的看法，是自己青云直上的证明。”但是，没有过程，何来结果？没有认真、疯狂追女孩的过程，何谈征服女孩的心呢？没有过程的回忆，到老的时候，你们谈什么呢？

中国有句古话叫“谋事在人，成事在天”。谋事就是过程，成事就是结果。只有好的过程，才可能会有好的结果。一味追求结果，反而会让人心力交瘁，得不偿失。

据说一个美女向一哲学家求婚，哲学家刚开始很是受宠若惊，被女方对自己的欣赏所打动。但是他对送上门的美女说：“结婚不是小事，我需要反复论证才行。”

十年后，他论证的结果出来了，那就是与美女结婚确实可行，美女方方面面的条件均完全匹配自己。但是当他向美女表白心意时，美女已经是两个孩子的妈妈了。

这个执迷论证结果的哲学家不禁让人捧腹，但是这样的结果有何意义呢？不过徒劳无功，给世人徒增笑料罢了。而那些静心享受过程的人才是生活的智者。

在希腊神话中，西西弗斯是个悲剧人物。很多人想到他，脑海中都会呈现这样的画面：一个紧张的身体千百次地不分昼夜地在重复一个动作，那就是搬动巨石，滚动它并把它推至山顶。可以想象那张脸是多么的痛苦扭曲，并紧贴在巨石上；那肩膀落满泥土，不停地抖动；胳膊已经完全僵直；坚实的双手和双脚深陷在泥土中。

西西弗斯原是风神之子，科林斯的国王。他因触犯众神，被惩罚永无止境地推巨石。巨石每每未上山顶就又滚下山去，前功尽弃，于是他就不断重复、永无止境地进行这种无效无望的劳动。诸神认为西西弗斯的生命会这样慢慢消耗殆尽，没有比这个更为严厉的惩罚了。

西西弗斯唯一的选择就是那块石头与那座陡山。无疑他是孤独和绝望的。但是没过多久，他就发现了他生命过程中新的意义。

他感受到被自己推动的巨石散发出一种动感庞然的美妙，他感到他与巨石在较量，这样巨石就仿佛有了生命一样，让他不再感到孤单；他还感觉到了自己推动巨石这个老朋友的动作之美，就像舞蹈一样健美。

他完全沉醉在这种愉悦的遐想中，他不再感到这种劳作是苦役，所以他仰天大笑起来。这时奇妙的事情发生了，诸神彻底解除诅咒，巨石不再从山顶滚落下来。

西西弗斯超越了心中的苦难，超越了自己，改写、创造了自己的命运。他在推动巨石的过程中，内心发生了微妙的变化，从而开始享受过程的美妙，并给自己的生活带来了转机。

与西西弗斯享受过程相仿的是三个人搬砖的故事。它们都说明了过程是美妙的，关键在于人怎么解读、什么心态。

三个人在炎热的工地上枯燥地搬砖，一个人痛苦地认为自己只不过在做苦役罢了；一个人平和地认为自己在砌墙；而第三个人则骄傲地认为自己正在盖一座教堂。

三个人手中做的都是搬砖的事，但是他们对过程不同的解读，最后所得到的快乐和结果也不同。第三个人所搬的每一块砖，流的每一滴汗，走的每一步路都是有价值的，都是让他充分享受的，他的这种解读得到了命运最终的成全，他最后成了一名建筑师。

可见，能否有一个圆满的结果，取决于日复一日按部就班的过程，而这个过程是否美妙，则取决于人的心态。当我们把所有苦难、过程都正确解读时，我们自然就能享受到过程，就能自然品尝到生活的甘醇和美妙。可以说不能享受过程的美妙，就不会有好的结果。

人生的压力就如巨石般沉重，如搬砖般枯燥乏味，很多人因此垂头丧气，抱怨连连；很多人心灰意冷，得过且过；很多人万念俱灰，绝望悲观，欣赏不了人生旅途上的美景，也自然不能完成某个艰巨的任务，最后难有好的人生走向和人生回报了。

如果我们能暂把结果抛到一边，而把过程想的或充满诗情画意，或充满人性的温暖，或升华到一定的高度，我们就能享受到过程的美好了。不要把眼光一味地盯在结果上，要学会体验过程之美。因为在体验过程之美的过程中，人生可能就此翻转，一如西西弗斯。

做一只翩飞的白鹤，飞渡寒苦的人生

处逆境，必须用开拓法。处顺境，心要用收敛法。

——弘一法师

有一则古老的哲学故事向我们解读了人生的实相：

一个旅人，孤独地、蹒跚地行走在荒山野林中。秋天把整个山林渲染得一片凄清和无尽广阔。突然，旅人在森林的野道上，发现一堆白骨。

旅人感到疑惑，正在思考时，忽然前方传来一只老虎的咆哮声。看到老虎，旅人马上想清了白骨的原因，顿时撒腿就跑。但是迷失了方向，他竟然跑到了悬崖边。没有任何办法，旅人只好纵身跳入悬崖。幸好，断崖边有一棵树，从树上垂下一条藤蔓，旅人毫不犹豫，马上抓住了，可谓九死一生。旅人暗自庆幸有这藤蔓的保护，终于救了自己一命，暂时安心了。

但是，当他朝脚底下张望时，不禁冷汗淋漓，原来脚下竟是波涛汹涌的深海。翻腾的怒浪间还有三条毒龙，正张着大口，等待着他的坠落。旅人不禁浑身战栗起来。

但更恐怖的是，他借以救生的藤蔓，在其根处竟然出现了黑白两只老鼠。它们正在交替咬着藤蔓。着急的旅人拼命摇动着藤蔓，想赶走老鼠，但是老鼠无动于衷。他每抖动一次藤蔓，便有水滴从上面落下来。这是从在树上筑巢的蜜蜂窝里所流出的。蜂蜜太甜了，旅人就暂忘了深处危险万分恐怖的境地。那颗心陶陶然，完全被蜂蜜所占据。

佛祖在两千多年前为我们解释了这个故事的寓意，向我们开示了“人生究竟是什么”。

下面是佛对这个故事每一个意象的逐项解读。

我们就是这个旅人，无尽而寂寞的荒野就是我们无尽寂寞的人生。秋天渲染的是我们人生的孤寂。虽然我们有家人、爱人、朋友，但有时还是会觉得心灵孤独，真正理解我们心灵的人少之又少，一如灵魂伴侣难觅一样。

野道边的白骨，暗指我们人生旅途上若干人等的死亡。他们都被人生无常的老虎所吞没。饥饿的老虎，指的就是我们自己的死亡。死亡对我们来说是最恐怖的事，所以佛祖以恐怖的老虎比喻死亡。

悬崖边的那棵树指的是一切外在的东西，诸如钱财、名誉、地位等。这些东西都是人死亡后一样都不能带走的。救命的藤蔓指的是我们的心态，意指我们要学会自我安慰自己。

黑白老鼠指白天和夜晚。它们一刻不停地在缩短我们的生命。深海指的是地狱，即人的后生大事。

地狱里的三条毒龙指的是我们心中的贪嗔痴。蜂蜜指的是人的五欲：食欲、财欲、色欲、名誉欲、睡眠欲。

比照下，谁能否定那个旅人不是我们自己呢？漫长、孤独、凄苦的人生，我们前有饿虎，后有毒龙，我们的人生总是充满坎坷。佛祖在两千年前就看透了世人的人生，我们经历挫折打击，也就没什么可大惊小怪了，就不必纠缠于此了。

改变不了这预定的人生，但是我们可以改变自己，毕竟人生的好与坏，决定于我们的心态。

一个孤寡老人很穷困，但是他很勤奋。他以砍柴为生，他人生最大的心愿就是为自己建一个结实的房屋。所以他不辞劳苦地努力着。

过了很多年，他这个心愿终于实现。他以为自己从此可以过上安定的生活了。但是天有不测风云，他的房屋突然着火了。转眼间结实的房屋化为一片灰烬。

看着眼前的惨败景象，老人呆呆得说不出话。村人害怕老人想不开，就紧紧地盯着老人。

过一会儿，老人的情绪恢复平常，他快速地走进灰烬里，在灰烬里摸索着。村人以为他找的肯定是值钱的东西，没想到他找的却是自己的斧头。他对疑惑不解的乡亲说："我要用这把斧头重新建造一个结实的房屋。"

这就是老人的豁达和乐观。他并没有觉得自己的人生多么寒苦，多么失败，他的心中有信念，有阳光，所以他看到的不是自己寒苦的人生，不是没有希望的人生。他相信自己依然可以再造一个坚固的家。从灰烬中找到了自己的斧头，这就是他最高兴的事了。如果心里只有悲观消极、冰雪，那么寒冷、悲苦也会笼罩着你。

与坚强老人故事相仿的是一个驴子自救的故事，对飞渡我们的人生也很有帮助。

老驴跟着主人多年，一不小心，脚底打滑，坠入深井。

主人和老驴都焦急万分。主人绞尽脑汁也想不出把老驴救出来的法子。遂打算忍痛割爱，让其自生自灭。

路过的人说："井是老井，驴是老驴，倒不如用土埋了这头驴，顺便也把这口老井堵上。"

土不断落下来，老驴无助地号叫着，一会儿它就安静下来了。人们往下倒一铲土，它就顺势把脚踩到那土上，它不介意满面尘土飞扬，只是用脚踩踏着这新下来的每一铲土。

越踩越高，不一会儿，老驴就站在了井口。它欢快地朝主人奔去。

老驴的命运是老驴自己改写的。它作为一个动物，面对逆境或者死亡，它选择的不是坐以待毙、自暴自弃，而是踏着人们抛下来的黄土逃脱了死神的降临。一个动物在绝境中表现出来的毫不懈怠、不放弃、积极乐观的态度真让人深思。

所以，当命运故作玄虚，使我们濒临崩溃，当造化弄人，让我们感到人生绝望时，我们不妨想想上面故事中的老驴，让自己的心灵坚强起来，给自己以信心，给自己以求生的欲望，这样才能像一只白鹤，飞渡这寒苦的人生。

逆境、磨难是人生必经的过程，没人能躲得过，飞渡了一个又一个挫折，你就会发现自己才是那个走得最远的人，那时你已然成佛。

第二章

不纠结：与其万般纠结，不如顺其自然

忘记不好的，记住好的

昨天的属于昨天

有些事过得去过不去都要过去

人生需要一点傻气

不戚戚于贫贱，不汲汲于富贵

知足眼前皆净土，通达身外有浮云

……

忘记不好的，记住好的

无心者公，无我者明。

——弘一法师

三位作家结伴旅行。一个叫阿里，一个叫吉伯，另一个叫马沙。他们翻过一座大山时，马沙不慎失足滑落。机灵的吉伯拼命拉住他的衣襟，将他救起。动情的马沙非常感动吉伯的舍身相救，就在附近的一块石头上刻下："某年某月某日，吉伯救了马沙一命。"

三人继续前行，又走了几天，来到一个河边。可能因为多日长途旅行的疲劳，吉伯和马沙为一件小事吵了起来，盛怒之下的吉伯扇了马沙一耳光。马沙气得七窍生烟，但他没有立即还手，而是一口气小跑到沙滩上，并在沙滩上用力写下一行字："某年某月某日，吉伯扇了马沙一耳光。"

一个月后，他们旅行归来，途径旧地。发现马沙写在沙滩上的字不见了。而刻在石头上的字依然清晰。于是好奇的阿里和吉伯就问马沙："为什么把救你的事刻在石头上，而把打你的事写在沙滩上？"马沙微笑着平静回答："吉伯救我的恩情，我会永远感激。至于他打我的事，我想让它随着沙子的运动逐渐忘却。"

这个故事让人很是触动，我们不禁为胸怀宽广的马沙所折服。他永远记住的是别人对自己的好，即恩情，很快忘却的是别人对自己的伤害，即所谓的“仇”。这样宽宏的人想不快乐，想没有朋友都难。

这个故事可以延伸出更深刻的哲理，即人之所以会有烦恼，就是因为记性太好，记住了那些不该记住的东西。殊不知，恨别人，痛苦的却是自己。人只有记住那些快乐美好的事，忘掉那些令人悲伤痛苦的事，才能不再一遍遍地玩味痛苦，不再自我折磨，从而真正放过自己，让自己轻装前行。人的大脑空间有限，不能忘记那些悲伤的、纠结的人和事，任意让负面的事情、负面情绪充满自己，自己必然负重前行，同时，也会与美好的人和事失之交臂。

人生在世，不如意事十之八九，有自己看顺眼的人，有帮助、支持、指点自己的“恩人”“贵人”，就必然会有自己看不顺眼，或看自己不顺眼、轻视自己、伤害自己的人，这种人或散落在工作中，或游离于生活中，或隐匿在感情里。我们能做的只有控制自己，让自己时刻铭记和感谢“恩人”，忘却和宽容所谓的“仇人”。只有这样，我们的“恩人”才会越来越多，也能时刻保持满量的正能量。

《论语·卫灵公》记载：子贡问曰：“有一言而可以终身行之者乎？”子曰：“其恕乎！己所不欲，勿施于人。”意思是：子恭有次“刁难”老师，让孔子告诉他一个字，让他一辈子遵守它，孔子特宽和，还用商量的口气说：“就是‘恕’字。”然后老师又为这个“恕”字加了“己所不欲，勿施于人”八个字的解释。这八个字是换位思考、不与别人斤斤计较的意思。因此，这种恕道，也被理解为宽恕、宽容。

同时，我们也该明白，如果我们不忘记、不宽容别人，记恨、仇恨甚至报复别人，别人也会更加记恨、仇视、整治我们。这样冤冤相报何时了？对人对己，不是双方耗损吗？

小孩子总是无忧无虑的，原因就在于他们善于忘记。

刚被父母打骂过，去外面玩一圈儿，再回来依然可以躺在妈妈的怀里撒娇，刚才的不快、委屈和伤心仿佛就像没有发生过似的。有的脸上甚至还挂着刚才的泪花，他也会傻呵呵地破涕为笑。

他们虽小，但是也懂得父母对自己的爱，知道大人所做的都是为了自己好。所以被爱包围着的他们自然就很快乐了，也就像永远不知道烦恼为何物了。

小孩子的忘性强，不记仇，就像把父母的打骂和责罚“写在沙滩上”一样，风浪一过，就烟消云散。面对这样的忍让和大度，又有谁还能再强横起来呢？说不定此时他们的父母已经后悔当初对他的责罚了。

所以，即便你被恶人欺负，又无法报仇；被人取笑，又无法还击；委屈自己接受不喜欢的条件，心里又堵；感情受挫，遇人不淑；或者深陷各种复杂关系中，你总须学会忘记，学会宽恕，也许别人早忘了，你还撇不开，你就只能白白受折磨了。

在人生的旅途中，发生不愉快在所难免，善待自己，布施自己，把烦恼、忧虑、分别、执着，通通放下，只留下美好的、开心的事情，无疑是个明智的选择，这样才能活得潇洒从容。人生就是一种修行，人生事事、处处在修心。把自己修好了，一切都跟着好了；一切若不好，自己是根源。

以下是几个忘记不愉快的小秘诀，供大家借鉴：

1. 多想些好的、开心的事，愉快自然就在你心。

2. 分散自己的注意力。比如看看书、听听音乐，或者看一些不太动脑筋的喜剧电影，就可以忘却不愉快了。

3. 找个不被人发现的角落狠狠哭一场，发泄完毕就告诉自己人无完人，自己一定可以的。

4. 好好地打扮一下自己，衣服要穿得整洁，让自己看起来很精神，让别人看起来很出色，从这一刻开始微笑，然后多出去走走，呼吸下新鲜的空气，抬头看看蓝天白云，参加活动，坏心情就会释放很多。

5. 勇敢正视不愉快的事。判断值不值得自己生气。如果不值得，就要安慰自己，不妨自言自语，比如“行啦，不就那么点儿事么，什么大风大浪没见过啊”“你怎么不去跳黄河啊”。如果实在无法自嘲或者幽自己一默，就去做自己最喜欢的事。如果实在是很伤心的事，那么就把它放在心底，不刻意遗忘，把它交给时间，相信时间是最好的橡皮擦。

6. 全心全意活在当下，尽心做好工作。不管这工作是什么，自己是否喜欢，只要选择了，都尽量做到最好，做到极致，这是职业精神的体现，也能让人忘记过去，不会再有闲暇去胡思乱想了。

7. 终身践行孔子的宽恕之道。开阔自己的心胸，就像把心中的盐撒入更宽广的湖面，自然能品尝到人生的甘甜清泉了。你的胸怀无限大，很多事情自然就小了，也就自然没有烦恼了。

昨天的属于昨天

消竭烦恼海，增长福智芽。

——弘一法师

很多人经常沉溺在过去的错误中不能自拔，为过去说错的话、做错的事、走过的弯路而后悔不已，或者对别人给自己造成的伤害等久久不能释怀，不是整日唉声叹气，就是每每谈起，或者夜深人静时想起就会捶胸顿足，难以入眠。

其实，这些都是人事业成功、人生幸福的一大障碍。因为昨天的一切都属于昨天，牛奶已经打翻了，你再悔不当初也于事无补。与其对沾满污垢的脏牛奶念念不忘，不如重新喝上一杯新鲜的牛奶。这就是转换思路、调整行为的好处。

过去的已经过去，无数个昨天就如“黄河之水天上来，奔流到海不复回”，不能重新开始，不能从头改写。为过去哀伤，为昨天遗憾，让过去牵绊住自己，除了劳心费神，分散精力，对自己没有一点益处。疯狂英语创始人李阳的成长经历就很能说明这一切。

李阳小时候是一个非常内向的人，胆小得不敢与人交流，能出去买瓶酱油就算是很成功的事。

高中时学习成绩并不理想，高三期间还曾对学习失去兴趣而几欲退学。

大学一二年级时还多次补考英语。面对这样的情况，相信很多人都会怀疑自己，认为自己就不是学英语的料，走不出过去一再失败的阴影，遂选择放弃。

李阳还曾自曝父母对自己的家庭教育都是粗暴、打击式的。父母动不动就会说他这不行那不行。这些都对他的自信心是很大的打击。

但是他是李阳，他如果不能走出过去的阴影，还沉浸在昨天的失败中不能自拔，就没有今天的疯狂英语创始人李阳了。

李阳是一个凡事往前看的人，他从不理会过去的自己是什么样的水平，从不纠结自己的英语过去有多么弱、多么差，好像昨天那个英语很差的自己不是自己，与现在的自己无关似的，他开始奋起一搏，把自己沉在每天的疯狂练习中。

为了彻底改变英语学习失败的窘况，他另辟蹊径，决定从口语突破，摒弃了偏重语法训练和阅读训练的传统，并独创性地将考试题变成了朗朗上口的句子，然后脱口而出。

经过四个月的疯狂努力，李阳在大学英语四级考试中一举获得全校第二名的优异成绩。

后来他做了英语新闻播音员、主持人、美国驻广州总领事馆特邀翻译，后自己创业，开公司，成为全球著名的英语口语教育专家。他做出的成绩连他的父母都觉得惊讶。

所以，不管过去的自己有多么不堪，多么失败，那也是过去的自己；不管过去我们经历了什么，发生了什么，那都是过去。古人说：昨日种种譬如昨日死，今日种种譬如今日生。就让过去的，全都过去吧！昨天的都属于昨天，也只能停留在昨天。每个人都难免有犯错误的时候，不能让自己一时的迷糊，成为一生都无法摆脱的包袱和负担。

相传，有一次，崇信佛教的武则天请嵩山慧安禅师到宫中讲课。武则天问慧安禅师年龄，禅师笑着说："我不记得了。"女皇很惊讶，就说："人怎么可能不记得自己的年龄呢？"

慧安禅师淡淡一笑，解释道："人有生有死，如同沿着一个圆周循环，没有起点，也没有终点，记这年岁有何用呢？何况，过去种种就如同水泡生生灭灭，不过是幻象罢了。人这一生一直都是这样，有什么年岁可记呢？"

其实，慧安禅师想说的是：年华似水，过去的已经过去，没有必要追悔；未来的尚未到来，没有必要过分担心；人只要好好把握住现在就行了，又何必把年龄放在心上呢？禅师一席话让女皇佩服得五体投地。禅师让人忘记年龄，其实，也是叫人忘记过去。

佛家说：人生如杯中水，浊与清都在于自己。杯中的水放久了，每天都会有灰尘落在里面，但它依然澄清透明。原因就在于所有的灰尘都沉淀到杯底了。这些每天落在杯底的灰尘就如我们昨天所经历的种种，只有让它沉淀在我们的心底，我们才能轻松上路，为未来做足准备。

且让我们一起努力吧，挺直腰，大踏步地向前走。慢慢地我们会走过坎坷，成为生活的强者，会发现我们已经遗忘了过去的自己，成为新生的自己，也遗忘了那些痛苦的人和事，原谅别人，从而最大限度地成全自己和他人。最终我们也会发现成功和幸福在不远的地方向我们招手。

有些事过得去过不去都要过去

人生多艰，不如意事常八九，

吾人于此当镇定精神，胸中必另有一番境界。

——弘一法师

许嵩《心疼你的过去》里有句歌词：心疼你的过去，谁作孽的悲剧，擦掉眼泪很容易，但却无法擦掉回忆；心疼你的过去，别怕流言蜚语，用力闭上了眼睛，过去过不去都会过去。最后一句话极具人生哲理，即我们人生中发生的有些事过去过不去都会过去。

浮华都会，人与人、事与事之间千丝万缕的纠葛，晚上一个人的深夜，过去的各种痛苦记忆、各种压力、迷茫会来侵扰我们脆弱疲惫的心灵，使得我们经常辗转难眠。其实，过去那些伤了、废了、将结成疤的过往，已经成为不能改变的既定事实，我们唯有忘却、放下，清空自己，没有别的方法。一味沉浸其中，只会虚度我们的光阴，消耗我们的生命。

一个年轻人刚刚失业、失恋，走在路上还被人抢了，他觉得自己就是传说中的扫把星，生活对自己太残忍了，就开始左手一支烟，右手一瓶酒来麻痹自己。但是那失意的过往还是紧紧箍住了他，每个晚上都不请自来：先是自己过去女友的音容笑貌、过往的点点滴滴，然后是惨痛决绝的分手，接着是自己喜欢的工作也被那个可恶的主管给剥夺了，就是因为自己说错了话，表错了情，他在痛苦的过往中越陷越深，越来越难以入眠。

他的一个好友实在看不下去了，就陪他去寺庙里找禅师，让禅师帮忙开解下。

禅师听了他的遭遇，捋了捋胡须后，就给他一个篓子，让他背在肩上。并说："前面是一条沙砾路，路上有很多石头，你每走一步，就放进去一块，看看有什么感觉。"

木木的年轻人照禅师说的做了，说："越来越沉重。"

禅师又让他反过来做，即每走一步，就扔掉一块石头。

年轻人也照做了，禅师还是问有什么感觉。年轻人就说："越来越轻快。"

他的朋友看不下去了，心想：这不是明摆着的事情吗，但沉思片刻后，若有所悟。

禅师对他们说："当我们来到这个世界上时，我们每个人都背着一个空篓子，我们每走一步都要从这个世界上放一样东西进去，就如刚才你放的每一块石头。这放进去的每一样东西都是我们的过往，这过往越痛苦，我们的心灵背起来就越沉重，直到不堪重负。只有把这些痛苦的过往从人生的篓子里清空，我们才能重新变轻松。"

刚才眼中无神的年轻人终于醒悟过来，不再像刚才那样机械和颓废了。

人生的一切烦恼，归根到底还是我们没有学会放下，没能让那些过得去的过不去的过去。所以，放下，是一种身心的解脱，是一种清醒的智慧。不管现在的我们境遇如何，不管过去我们曾经如何辉煌成功、如何美好，抑或如何失败，遭遇过的种种不幸，所有的过去都让它过去。

下面一则道长的故事同样让人深思。

静修道长在寺院里养了一只狗，取名“放下”。每天傍晚6时他都会准时喂狗。边喂狗，边亲切地呼唤狗的名字“放下”。

小弟子们都觉得很奇怪，觉得狗的名字一般都是“乐乐”“来福”“小黑”“阿黄”之类的，道长怎么起了个如此不伦不类的狗名呢？

小弟子们就去问道长，道长始终沉默不语，最后只说了句你们自己去悟吧，就离开了。

小弟子们就开始仔细地观察道长，也没发现什么玄机。道长每天喂完狗后，就不再读经学道，只是去自己的院中打打太极、看看日落等，也没做什么特别的事情。

小弟子们就又去问道长了，这次道长向他们解开了谜团。

道长说：“其实，我在叫狗的时候，也是在提示自己要放下，让自己放下很多事情。只有放下很多事情，明天才有精力做更为重要的事情。”

人的精力和时间有限，还有很多更为重要、更为美好的事情等着自己，所以何必纠缠过不去的事情呢？

佛祖曾经考问他的弟子们：“一滴水怎样才能不干涸？”

弟子们都面面相觑，回答不出来。

佛祖笑着说：“把它放到江、河、湖、海里去。”

人的心灵就如一滴水，只有汇入博大的海洋，与浩瀚的大海融为一体的时候，它自身才能无限伸展，变得广博，这就如同重新获得了新的生命，所以，放宽心，让自己广阔，遗忘过去，相信我们的最终点也会是波澜壮阔的海洋。

在现在压力倍增的社会，学会放下、学会开阔自己更具有时代意义。当我们自认为遭遇灭顶挫折时，不妨想想：天并不会塌下来，不是吗？我们的天是我们自己，我们只有放下过去种种，才能擎起自己的那片天。

说来容易做来难，但至少我们要有勇气。把沉痛的过往抛给时间吧，相信所有的痛苦最后都会云淡风轻。我们可以从中吸取经验和教训，但不必纠结其中。这样我们才能重生，去关注和呵护那些尚未受伤的、尚未失去的东西。所以，你一定要相信，没有到不了的明天，只要你愿意真正松开手，让自己跳出心灵的圈子，卸下包袱，你的心境就会恬静一点，你拥有的就会是整个世界。

人生需要一点傻气

不为外物所动之谓静，不为外物所实之谓虚。

——弘一法师

生活中有些人比较敏感：别人说过的话，他喜欢细细反复琢磨；别人多看他一眼，他就会觉得别人对他有敌意或者有想法；少看他一眼，他就会觉得备受冷落；别人窃窃私语，他就会认为别人是在议论他；别人偶尔犯下的错误，他会一直如鲠在喉，或抱怨没完，或沉积在心里；对个人的得失，表现得异常斤斤计较；猜疑心也特别重，不亚于古代的皇帝对大臣，常常捕风捉影。这些人用他们敏感丰富的心灵感知着周围的一切。他们为什么会得不到幸福？因为他们的感受是错的，心很乱很苦，事事怀疑、扭曲别人用意，幸福自然离他们就很遥远。

这样的人太容易受外界环境影响，就只能为外物所累了。周围的人也只会敬而远之，因为实在担心什么时候自己一不小心的言论会冒犯他，会伤害他幼小脆弱的心灵。这种性格的人生活中并不在少数，就活在你我他之间。性格决定命运，更决定心情。

佛家认为："心能地狱，心能天堂，心能凡夫，心能贤圣。"人在"天堂"

还是“地狱”是由自己决定的，在自己的一念间。

当你把心情弄复杂了，你的人生也就复杂了，你走的也必然是复杂的弯路。这是一个不完美的世界，这个世界上住着不完美的人，我们也很可能是其中一员。

所以，我们要想活得轻松，就要活得简单，就要改变狭隘和幼稚的解读世界的方式，不妨换一种思维方式看待周遭的一切。同时，也别在意很多事情，因为你在意，可能也改变不了别人半点毫毛。

下面是一则令人开悟的佛教经典小故事，相信会对我们有所启示。

一位武士向白隐禅师问道。

武士问：“天堂和地狱有什么区别？”

白隐反问：“你乃何人？”

武士答：“我是一名武士。”

白隐听后笑道：“就凭你这粗鲁之人也配向我问道？”

武士听后勃然大怒，随手拔出佩剑，朝白隐砍去：“看我宰了你！”

眼看佩剑就要落在白隐头上，白隐却不慌不忙轻声说道：“此乃地狱。”

武士猛然一惊，若有所悟，连忙丢弃佩剑，双手合十，低头跪拜：“多谢师傅指点，请原谅我刚才的鲁莽。”

白隐又微微说道：“此乃天堂。”

可见什么事你若想通了，便是天堂，想不通则是地狱。其实一件事的好坏，完全取决于我们的认知，即我们如何看待它、处理它。

相传一群小青蛙在外面玩，一个小青蛙突然看见远处有一个铁塔高耸入云，于是就忽发奇想，对同伴说："我们如果能爬上塔尖，上能见满天的星星，下能见高楼大厦，这是怎么样的美景啊！"

在它的豪情带动下，这一大群青蛙就向着高塔前进，并开始一个个地向上爬。爬着爬着，他们就感到累了，有的青蛙开始发牢骚："我们这大老远地赶来，爬这个冰冷的铁塔有什么用？"有青蛙就附和道："是啊，我们为什么要爬啊，傻不傻啊。"于是就停了下来，三个停了，五个停了，慢慢地，大家都停了。连那只当初豪情满怀的青蛙也停了，它也觉得奇怪，开始嘲笑自己当初的想法。

只有一只小青蛙在傻呵呵地努力爬着，最后它爬到了塔尖，当然它看到了人间的极致美景。大家都很敬佩它，就在它爬下来后问它原因，结果出乎所有青蛙意外：这只小青蛙是个聋子。

它当时看到了所有青蛙都向铁搭前进，它就跟着过来了；它看到同伴们都在爬铁塔，所以，它也就跟着爬；同伴们在议论时，它听不见，还以为同伴们都在爬呢，所以，它就一个人在那儿晃晃悠悠爬着，直到最后登顶。

所以，不要过于敏感，就像这个傻气的聋青蛙那样，自动过滤掉别人的抱怨和议论，只专注做自己的事，这样就能静心，就能成功，不是吗？

任何的胡思乱想、恣意揣测都只会是我们成功和幸福的障碍，就像女性的年轮，即便你化再浓的妆，穿多嫩的装，即便你微整形、整容，你终归还是会老去。越是伤春悲秋、怨天尤人，越是滋生皱纹。

所以，不妨看开看淡年龄，"傻乎乎"一点，或许会有很多意想不到的惊喜等着你。

看到一对农村夫妇傻傻浪漫的故事，很是感人，拈来与大家分享。

一对农村夫妇去大城市打工，他们的愿望就是用自己辛苦挣下的钱回去盖房子。

他们已经有很多年没有回去了。

这年，他们终于打算回去好好过个年。但是事与愿违，天不遂人愿，女方放假晚，两张火车票难求，女方就说：“算了吧，咱们再坚持一年，明年回去就再也不来了。”男方也没有异议。

第二天一大早，男方就让女方打包东西，说是去机场接一个人。女方一脸茫然，就跟着丈夫去了。令女方没有想到的是，丈夫神秘地“变”出两张回家的机票，他们终于赶在年三十回到了家。

女方一路上就心疼不已，回到家里，更是当众数落丈夫不该这么乱花钱，说丈夫傻帽一个，但是心里其实是感动的、兴奋的，因为她那冒点儿傻气的丈夫让自己经历了一次难忘的、浪漫的蓝天之旅。

一向沉默寡言的丈夫在村人面前也破天荒地贫嘴起来：“咱‘傻’这一回，也值了。”

这个丈夫买机票前，没有过多想这机票多么费钱，没有过多地想自己的女人会骂自己，更没想过会被村人嘲笑，他的心思很单纯，目的很明确，就是要与妻子回老家过年。所以，他就那么单纯地、傻傻地做了。

现在社会的我们，物质生活比以前好了，但是精神生活却下降了，我们总是感觉不快乐、不幸福，很多时候，就是因为我们缺少一种“傻”的勇气。

“傻气”，不是癫狂，不是憨痴，不是笨拙，不是弱智，更不是消极遁世和无作为，而是快乐的另一束光辉，是一种纯真，是“于无声处听惊雷”

的别样情怀。

“傻气”，某种意义上是一种大智若愚的人生智慧，它让我们超越了自己，让我们从千头万绪的纠结事情中挣脱出来，让我们的身心得到了解放，让我们有闲心经营幸福美妙的成功人生。

所以，人生需要一点傻气，这样才不会对生活中的人和事过于过敏，不必掉进他人的眼神，困了精神，累了心灵。

不戚戚于贫贱，不汲汲于富贵

知足常足，终身不辱。知止常止，终身不耻。

——弘一法师

某年春节晚会上，黄宏和巩汉林有一个修鞋的小品，其中有一句话让人印象颇深：有钱可以上买天，下买地，中间买空气；有钱可以让活人闭嘴，死人喘气。人可以没有朋友，没有父母，没有亲情，可以什么都没有，就是不能没有钱。这句反讽的话可谓把金钱的务实作用推上了天，但是它唯独没有说金钱是否可以买得到快乐和心灵的安宁。

也有很多人会反驳，说持有“有钱没钱不重要，活着快乐就行”这些观点的人都只是穷酸文人或者吃不着葡萄说葡萄酸之人的自我安慰罢了。

其实有关金钱与快乐的话题是千百年来永恒的话题，没有钱万万不能，但钱也不是万能的。快乐并不是直接来自于金钱。如果把人生的终极目标定位在追求金钱上，那么人要想真正快乐就会很难。因为幸福快乐只是一种感觉，与贫富无关，只与内心相连。

有一个国王整日愁眉苦脸，郁郁寡欢，他去问一个智者，如何才能让自己高兴起来。

智者说："很简单，你只需穿上一个快乐之人的衬衫，你就会快乐。"

国王谢过智者，就发动大臣们不计一切代价去找这个人了。同时自己也没有闲着，也在四处寻找。

他去了很多国家，见了很多国王、教授、医生和其他人，但他们都说他们不开心。终于，国王在一片农田里，找到了一个快乐的农夫。农夫看起来很开心，边耕田还边唱歌。

国王走到农夫面前问他："亲爱的朋友，你快乐吗？"

农夫傻笑着说："是的，我很快乐。"

国王就进入主题："你能卖给我你的衬衫吗？"

农夫惊讶地说："我没有衬衫，事实上，我没来都没有过衬衫，我从来都是光着膀子的。"

一个是锦衣玉食、有权有势的国王，一个是连一件衬衫都没有的农夫，但是农夫却是快乐的。这说明金钱的魔力在农夫面前失效了。

上面故事还有一个不同的版本，那就是：

话说国王找到了一个在农田劳作的农夫。他看着农夫抡着锄头，汗流浃背，却引吭高歌，就上前询问农夫快乐的缘由。

农夫说："我今天在闹市上用我的劳动所得买了一件新衬衣。这是多么让人高兴的事啊，我在锄地时，只要一想着这件新衬衣，我就高兴，所以就会放声唱歌。"

说完，农夫就高兴地把浸满自己汗水的衬衣拿出来给国王看。

国王最后用高价买走了快乐农夫的快乐衬衣，紧绷多年的面容终于展露了笑容。

这让大臣们和皇后都疑惑不解，皇后说：“一件臭烘烘的衬衣怎么让国王这么高兴呀？”国王说：“这件汗衫是那个农夫用自己辛苦劳动所得买回来的，它让我想到了我的子民不受战争和疾病的困扰，还有什么能让我不高兴呢！我现在要做的，就是要让我的国家更富足起来，让更多农夫买得起衬衣。”

这个版本的国王得到了衬衣，得到了快乐。但这其实也不是金钱的功劳，而是国王的境随心转。从这件汗衫背后，他看到了他最基层子民的快乐根源，从而促使他为更多子民能买得起衬衣而励精图治，即他又找到了生活的目标、奋发的动力，所以他快乐了。

上面两则故事其实都是对生活的一种诠释，它告诉我们：生活中真正的快乐是心灵的快乐，是内心的富足，它大多时候都与外在的物质生活并没有多么紧密的联系。

“一箪食，一瓢饮，在陋巷，人不堪其忧，回也不改其乐。”这是颜回的快乐。

“结庐在人境，而无车马喧。问君何能尔？心远地自偏。采菊东篱下，悠然见南山。山气日夕佳，飞鸟相与还。此中有真意，欲辨已忘言。”这是田园派陶渊明的快乐。

“回首向来萧瑟处。归去，也无风雨也无晴。”这是乐天派苏东坡的快乐。

“小隐隐于野，中隐隐于市，大隐隐于朝。”这是隐士的快乐。

一家人围坐着吃几块腐乳和青菜，这个插一插，笑一笑，那个插一插，大家又一起笑，一餐饭吃得开开心心的。这就是磨豆腐一家人的快乐。

一个人骑着一部破旧电动车，腰间别着一部机子，机子正播放着飞扬的音乐，他也随音乐小声哼唱着。这是骑车少年的快乐。

一个房地产老总，开着300万元的车，喜欢摄影，还到清华读了MBA。他说：“挣的钱是用来显示自己能力的，除此之外，还有多大作用？”

上MBA课时，他的手机是唯一一个沉默不响的。因为他把公司全权交给了副总。他只允许副总在两种情况下给他打电话，一是公司着了大火，二是公司死了人。

他建了很多希望小学，他带他太太去欧洲旅游，他计划45岁退休，去各地拍片子，还计划自费出书，只因那是他年轻时的梦。

他不像别的有钱人忙得脚不沾地。这是一个老总的快乐。

一个蹬人力三轮车的穷人，天天守在超市边，拉几个零活。一天下来，好的话能挣几十块，坏的话就几块钱。

他住在城市边缘的窝棚里，家里还有一个瘫女人。虽然挣的钱少，但回到家，老伴都会问寒问暖。老伴会唱戏，他便学了二胡。每次吃过饭后，两人都会一个拉，一个唱。老伴没有去过北京，他就骑三轮拉着她去。

他们的故事被电视台拍下，说他们是流浪的大篷车。这就是穷夫妻的快乐。

可见：穷人的快乐和幸福并不比富人少一分。所以，何必为贫贱而忧虑悲伤，为富贵而匆忙追求呢？不管我们处于什么样的物质环境，我们都要保持心境的那种坦然和安宁。心态乐观了，我们就更容易走出困境，内心也会有一种清亮的欢乐，这是任何人都不能从我们的生命中剥夺的快乐。

知足眼前皆净土，通达身外有浮云

不近人情，举足尽是危机。不体物情，一生俱成梦境。

——弘一法师

老子在《道德经》中说过：“罪莫大于可欲，祸莫大于不知足；咎莫大于欲得。故知足之足，常足。”翻译为白话文，就是：没有比放纵欲望更大的罪恶，没有比不知足更大的祸患，没有比贪得无厌更大的过失了。所以知道满足的人，永远是觉得满足快乐的。

老子告诫我们要学会知足，知足才会长乐。有合理的欲望很正常，但是超过了一定的度，必会生出许多烦恼来，甚至是意料不到的祸患。

相传张果老得道成仙以后，一日，去民间体察民情。他看见一对老夫妻在摆摊卖水，就上前买水，借机与他们交谈。在得知他们很贫困后，就问老两口有什么愿望。老夫妻说：“如果能开个酒庄卖酒过日子就好了。”

张果老就告诉他们：“你们村旁的山顶上有一块像小猴子模样的石头。那石头上有三个泉眼。它们都被泥土和灰尘堵上了，你们去把泥土和灰尘清理出来，泉眼就能自动流出美酒。我给你们一个葫芦，你们每天接一葫芦即可。”

第二天，天蒙蒙亮，老两口就爬到山上找小猴子样的石头去了。果真有这样一块石头，石头上果真有三个泉眼，且被泥土和灰尘封住。老两口疏通了泉眼，果然就有酒从里面汩汩流出，老两口别提有多高兴了。

他们就这样日复一日地去山上打酒卖酒，没过多久，就真开起了酒庄。他们当初的愿望实现了。

不知不觉一年过去了，张果老重游旧地，就找到了那对老夫妻，想问问他们现在过得怎么样。

老夫妻很高兴又遇见仙人，就说：“我们听了您的话，找到了那三个泉眼。现在日子过得很好。就是没有酒糟，不能喂猪，不然就更好了。”

张果老听后，念出一句“天高不算高，人心比天高。清水当酒卖，还嫌没有糟”就消失不见了。

从此，小猴子石头上的泉眼就干涸了，再也没有美酒涌出。

可见，人的欲望无极限，就如同一山望着那山高。佛经里把欲望比作一个口渴的人喝盐水，只会越喝越渴，越渴越喝，最后只会死路一条。

民间有一则故事，与上面故事相反。

说一个教书先生，家徒四壁。他一面教书，一面耕作，仅仅可以衣食温饱。就这么一个穷教书匠还有一个奇怪的癖好，让他不仅遭村人白眼，还让妻子很不解。这癖好就是：每天黄昏时，他都要到自家门口焚香，对着天空行三拜九叩之礼，叩谢上天赐给他的清福。

他的妻子笑话他：“我们一天三顿饭都是素食，有什么清福可享啊？”

他说：“首先，我感谢上苍赐予我们生在太平盛世，没有战争兵祸。其次，感谢上苍，让我们全家人都在一起，没有骨肉分离。再次，感谢我们全家人有吃的，有喝的，有住的，不至于忍饥挨饿，露宿街头。最后，感谢上苍赐予我们都是健康的人。家中没有一个病人，也没有一个人在监狱里。这不是福气是什么？”

多欲为穷，知足眼前皆净土；人生有定，通达身外有浮云。无论我们身处何种喧嚣的环境，只要我们用一种心澄意静的知足心境去面对事物，不为外物所动，我们眼前都会是净土，不处在深山，也胜似在深山。

女人多是虚荣的，攀比心强烈，因而很多家庭就会暗潮汹涌。

一个女人嫁给了她深爱的男人。但是婚后没多久，她就感到深深的失望。

在柴米油盐酱醋茶的现实生活中，她发现了老公的很多缺点。她想和老公深谈一次，说出自己的不满，也许只有这样才有拥有幸福的婚姻。她找个机会，就开始与老公谈起来。

她说老公没有像恋爱时那样疼爱自己了，大男子主义思想抬头，也不帮着做家务，还说老公每晚应酬都很多，都会玩到很晚。还说别人的老公挣钱都比他多，给妻子买这买那，还说到了房子问题……

老公坐在她旁边仔细地听着，她也喋喋不休地尽情说着，忽然她停下来了，因为她发现老公的眼睛湿润了。

虽然她还没有说完，但是心软了，就让老公说自己的缺点。

老公摇头说：“没有。对于你，我没有什么不满的。我感谢上苍让你做我的妻子，我觉得你什么都好，既可爱又美丽，我常想如果有下辈子，我还是会娶你。”

她的眼睛也湿润了，她说：“我经常向你要这要那的。”他说：“那是让我上进，让我好好赚钱。”她又说：“我经常小心眼，耍小性子，蛮不讲理。”他说：“那是你在撒谎，吸引我的注意，你也有你自己的原则要坚持。”

这个女人听后，大哭起来。她没有想到老公对自己是这么的宽容，她看到了老公深藏的爱。她忽然明白：人要学会知足。因为比起自己的其他几个闺密的老公来说，自己老公实在是太好了。其他闺密的老公不是在外面有小三，就是对妻子不尊重，觉得妻子就是他们的女仆，要对他们唯命是从，还有的经常大打出手，要她去劝解。

这个女人本来觉得老公有点“窝囊”，不能满足自己的物质欲望，但是窝囊老公对自己的爱化解了一切矛盾，从而挽救了这个家庭。大千世界，并不是每个家庭都有这样大度智慧的男人，有这样明理通达的女人。所以，人还是会因为某些根深蒂固的欲望而有各种各样的烦恼。

佛说：有求皆苦，无求乃乐。道家说，有所求而无所得，无所求而有所得。这里说的“无所求”，不是对学问和事业的不求进取，而是告诫人们要摆脱功名利禄的羁绊，不苦苦执着于自己的得与失、喜与悲，这不是消极的处世态度，而是一种深层次的人生哲理。

古人云：“他骑骏马我骑驴，仔细思量我不如，回头看见推车汉，上虽不足下有余。”人要想活得轻松洒脱，就要减少一点欲望，学会知足。有些东西，不能没有，但要恰如其分，要知足，因为知足才会感恩，感恩才会平静，心态平静下来，不受外界的干扰，那么你就可以得到你想要的一切。

一切命安排，看得透想得开

有才而性缓，定属大才。有智而气和，斯为大智。

——弘一法师

手机丢了，电脑被盗了，爱人跑了，工作没了，一场大病，一次车祸，一个好友离去……当一件件痛苦的事情接连发生的时候，我们往往会无奈地说：“我认命了。”之后烦恼和痛苦仿佛真的减轻了几分。

其实，所谓认命就是接受已成的事实，承认不幸的遭遇，吞下悲伤，继续前行。

认命不是一种退缩，而是放过自己，从此以后，放自己一条海阔天空的生路！所以，做人，要学会“认命”，才能继续前行。

在法国一个偏僻小镇，据传有一个特别灵验的水泉，常会出现神迹，可以医治各种疾病。因此人们常去那里祈祷。

有一天，一个退伍军人来到这里。人们看见他拄着拐杖，还少了一条腿。他一跛一跛地吃力地走在镇上的马路上。

镇上的居民开始胡乱猜测起来，有的笑他走路的可笑样子，有的对他很同情，但是也充满疑问：难道这个可怜的人要乞求上帝再给他一条腿吗？

退伍的军人听到了，他转过身对他们说："对于我身体的伤残，我已经放下了，接受命运的安排了，我不奢求有一条新的腿，而是要上帝帮助我，在我没有一条腿后，也知道如何过日子。"

战争是无情的，夺去了军人的一条腿，但是军人是坚强的，他经受了非同一般的苦难，但是他没有任何的抱怨和一丝的颓废，而是坦然接受失去一条腿的事实。他去圣泉那里，只是积极寻找新的生活方式，而不是奢求什么。这位军人就是这么伟岸，把一般人衬托得这么渺小。

伤残军人如此，武术大师亦是如此。

一位武术大师以腿脚功夫威震武林，每一个曾经与他切磋过的人都对他佩服得五体投地。但命运就是这么弄人，大师在一次上山采药过程中，不幸跌落悬崖。

大师虽然命保住了，但双腿却齐刷刷地摔断了，只留下一双空空的裤管，曾经的武术大师现在连站立和行走都是问题。

徒弟们悲痛万分，不敢告诉大师实情，怕大师看见那空裤管会有什么过度反应。但大师醒来后，掀起自己的裤管，并没有哭天抢地，也没有抱怨命运的不公。

他让在一旁已经哭成泪人的跪着的徒弟们起来，平静地说："昏迷几天了，我要吃一些饭菜，这样我才能像过去那样练功。"

饭桌上，大师重申了两件事："第一，以后你们谁想要练我的腿脚功夫，我还会像以前那样认真教导，只是不能亲自示范了。第二，从今天起，我改学臂掌部的功夫，我相信我掌上的功夫也可以不亚于腿脚功夫。我不会因为失去双腿而成为废人，你们也不可因为为师失去双腿而放弃在武学上的修炼。”

几年后，这位武学大师又以出色的掌上功夫赢得了更多人的敬仰。

一多年不见的老友拜访了他，看到他的双腿，情不自禁地哭了起来，他微笑地对老友说：“过去的一切我已经扔掉了，所以今天才能安安静静、轻轻松松地练武和生活，你怎么还让几年前的痛苦打扰我们久别重逢的兴致呢？”

伤残军人和武术大师都放下了沉痛的过去，所以才得以从过去的阴影解脱出来，去追求新的生活。

生活中，很多人经历了伤痛、磨难，就任自己沉溺在痛苦、无休止的抱怨中，很多人也以为自己再也不会开怀大笑，再也走不出过去的悲伤。但是，要知道，世界上没有什么坎是过不去的，只要你想走过去，你就可以，只要改变你的心态即可。

记忆一直都是我们痛苦的根源。放下痛苦的根源，让它随风而逝，我们才能迎接崭新的生活，活出全新的自己。

过去种种不幸的价值在于：它让我们学会满足于当下的生活。试想，当时那么痛苦、那么艰难，自己都承受过来了，以后还有什么不能承受呢？

有一首禅诗：“何必眉不开，烦恼无尽时，一切命安排，当下最悠哉。”还有一首是：“菩提本无树，明镜亦非台，本来无一物，何处惹尘埃。”世界万物本来就是空的，心也是空的，任何事物从心而过，都不会留下痕迹。这是佛家渐悟的境界。

所以，松开自己，放过自己，世界就在我们手中，幸福就在我们不远处。

有缘即住无缘去，一任清风送白云

自处超然，处人蔼然。

无事澄然，有事斩然。得意淡然，失意泰然。

——弘一法师

茫茫人海，浮华世界，有些人找到了自己最完美的归宿，有些人则错失最好的机缘。

佛说：世上很多事都可以求，唯独缘分难求。

那么缘分到底是什么呢？

佛家云：前世五百次的回眸，才换得今生的擦肩而过！所有的一切都有它出现的理由，不必为此而感到惊讶！

《辞海》解释“缘分”是因缘、机缘。

“缘”为梵语，经典解释为“原因”，它常常和“因”一起合称为“因缘”。

有人问隐士：“什么是缘分？”隐士想了一会儿说：“缘是命，命是缘。”

此人不解，就去问高僧。高僧说：“缘是前生的修炼。”

此人不知道自己的前世，就又去问佛祖。佛祖不语，只是指着天边随风变幻的云。

这人于是顿悟：缘如风，风不定。缘如云，万千变化。云起时汹涌澎湃，云落时落寞舒缓。云聚是缘，云散也是缘。缘分是可遇不可求的风。

佛家讲的是因果循环，宿孽总因缘。认为每个人所做的每件事、每个想法都会产生相应的业力（影响力）。业力有善恶之分，每一个业力都会对人产生一个影响，这就是因果。所以，佛家认为缘分不外是你与某个人的业力所带来的结果罢了。

佛家有两则经典故事，可谓道尽了缘分的不可强求，让有情众生只能一切随缘。

故事一：前世是谁埋了你。

从前有个书生，与一女子约好了在某年某月某日结婚，但是那天她却嫁给了别人。

书生受此打击，从此一病不起，已经危在旦夕。

一云游僧人经过，得知情况，点化了他。

僧人从怀中取出一面镜子给书生看。书生看到的画面是：茫茫大海上，一遇害女子一丝不挂地躺在海滩上。路过一人，看了看，摇摇头，就走了。又遇到一人，将自己衣服脱下，给女尸盖上，也走了。最后一人，挖个坑，小心翼翼地掩埋了尸体。

然后是未婚妻被丈夫掀起盖头的刹那，书生惊呆了。

僧人解释道：那具海滩上的女尸就是你未婚妻的前世。你是第二个路过的人，曾给过她一件衣服。她今生和你相恋，只为还你一个情。但她要报答一生一世的人，是那个将她掩埋的人，那人就是她现在的丈夫。

书生大悟，慢慢地，就从床上坐起，病也痊愈了。

故事二：千年等待。

一个少女，年轻貌美，多才多艺，家世显赫，媒婆几乎把她家的门槛都踩断了，但她仍不想出嫁，原因是她没有看上一个。

一日，她去寺庙上香，在万头攒动的拥挤人群中，她一眼就瞥见了一个令自己心动的年轻男子。但是人太多，她无法靠近他，等她再次向那人张望时，已经找不到那人的踪影。

她四处寻找，找了两年，都一无所获。少女很落寞，于是开始每日晨昏礼佛祈祷。她的至诚感动了佛祖。

佛祖说："你真的那么想见那个男子吗？如果让你放弃你的父母和以后幸福的生活，你才能见到他，你愿意吗？"

少女说："是的，我愿意，只要能看他一眼就行。"

说完少女就变成了一块石头，立在荒郊野外，耳边飘过佛祖"必须修炼五百年"的禅音。

四百九十九年的风吹日晒，女孩都不觉得苦，最后一年，一个采石队经过这里，相中了她，把她凿成一块条石，运进城里做一座石桥的护栏。

就在石桥建成的那天，她终于看见自己朝思暮想等待五百年的男子。那男子行色匆匆，很快就走过了石桥。男子又一次消失了，女孩怅然所失："不，为什么我只能远远地观望他，不能摸到他呢？"

佛音再次出现："想触摸到他，你还需修炼五百年！"

这次女孩变成了一棵大树，立在一条人来人往的官道上。每天，女孩都翘首观望，日子一天天过去，女孩也变平静了，因为她知道不到最后一天，那个男子是不会出现的。

最后一天，那男子出现了，穿的是她最喜欢的白色长衫，脸依然是那么俊美，女孩不禁看痴了。

这一次，男子没有匆匆而去，而是停在女孩这棵大树旁休息。男子紧靠在她身边，她终于摸到他了。但她无法向他倾诉千年的等待和相思，只有尽力聚拢自己的树荫，为他遮挡毒辣的阳光。

男子小睡片刻后，拍拍长衫上的灰尘，又轻轻抚摸了一下树干，就头也不回地走了！

佛祖又适时出现了："你还想做他的妻子吗？那你还得修炼。"

女孩平静地打断了佛祖的话："我是很想，但是不必了。这样已经很好了，爱他，并不一定要做他的妻子。"

女孩接着问："他现在的妻子也曾像我这样受过苦吧？"

佛祖微微点头。

女孩微微一笑："我也能做到的，但是不必了。"

佛祖微微地吁了一口气："这样就好，有个男孩可以少等你一千年了，为了看你一眼，他已经修炼两千年了。"

世间的一切情与爱都要经过无数次轮回，才能遇到。但不是每一个轮回都能在一起。所以，爱的得失有时就在一瞬间。得到是机缘，失去也是机缘。一味情执，人生势必会滋生许多烦恼和忧愁。因缘际会不可太强求，凡事不必太纠结，这样才能达到随缘的最高境界。

得之，我喜；不得，我亦无忧

好合不如好散，此言极有理；

盖合者始也，散者终也，至于好散，则善其终矣。

凡处一事，交一人，无不皆然。

——弘一法师

一天，幽谷老人正漫步山溪间，忽见一少年站立山崖，好像要跳崖。

幽谷老人忽然拍掌大笑，少年感到很生气，就回头问道："我已经痛苦至极，你还击掌大笑？"

幽谷老人说："我在此山修行二十年了，还不曾遇见个鬼，今天总算一见了，所以击掌大笑。"

少年疑惑："谁是鬼？"

幽谷老人说："你是鬼呀，且是个胆小鬼。"

少年更生气了："我为了所爱，敢于舍弃性命，我怎么是胆小鬼呢？"

幽谷老人说："世界上，唯有求死最容易，双眼一闭，一了百了。而活着，尤其是有意义地活着最难。在人生难题面前，你弃难而择易，你选择的是放弃人生，而不是应有的态度。这不是胆小鬼又是什么呢？"

少年说："可是我活着太痛苦。我爱的人移情别恋，我苦恋她三年，难道就不能感动她吗？我活得太没有意思了。"

幽谷老人说："随缘自适，烦恼即去。世间万事万物都有相遇、相随、相乐的可能性。有可能即有缘，无可能即无缘。"

少年说："你是说无欲无求才能超尘脱世？"

幽谷老人说："人生岂能无求？求而得之，我喜；求而不得，我亦无忧。得失随缘而已。正如种树时尽心尽力，施肥浇水，毫不懈怠。至于收获果实多少，则是缘了。"

少年长叹一声："随缘的境界虽然美妙无比，可是做到却难呀。"

幽谷老人笑道："所以，还是做胆小鬼容易呀。"

少年满面羞惭，寻路而去。

在追求爱情和幸福的路上，求而不得的人总是伤痕累累。少年为情所困，自寻死路。殊不知，很多东西你越想得到，它往往越会远离你，何不顺其自然，不怨恨，不躁进，不过度呢？徐志摩曾说过："我将在茫茫人海中寻访我唯一之灵魂伴侣。得之，我幸；不得，我命。" 这与佛家所说的"随缘不变，不变随缘""随缘，莫攀缘"异曲同工，都是劝勉世人凡事不必太在意，更不需去强求，一切随缘，水到渠成，心到佛知。

"随"不是随便，不是放弃追求，而是以豁达的心态去面对生活，去把握机缘，不悲观，不刻板，不慌乱，不忘形，是一种达观，一种洒脱，一份人生的成熟，一份人情的练达。以"入世"的态度去耕耘，以"出世"的态度去收获，这就是随缘人生的最高境界。

万事随缘，随顺自然，这不仅是禅者的态度，更是我们潇洒人生所需要的一种精神。

随缘是一种平和的生存态度，也是一种生存的禅境。“宠辱不惊，闲看庭前花开花落；去留无意，漫随天外云卷云舒。”放得下宠辱、权势、名利、情缘，那便是安详自在。

有人带两只花瓶去拜访佛陀。还没说话，佛陀就说：“放下。”

那人很听话地把左手上的花瓶放下了。

佛陀又说了句“放下”，那人就两手空空。

但是佛陀还是说“放下”，那人就不解了，就问道：“觉悟的人啊，我现在手上已经没有东西了，您要我放下什么呢？”

佛陀说：“我并没有要你放下手上的花瓶，而是要你放下你的六根、六尘和六识。当你把这些都放下了的时候，你就会从中解脱出来。”

那人这才知道佛陀是在点化自己。

不管是工作中，还是感情上，我们如果都能以“放下”“随缘”的入世之心去耕耘，不去计较回报，那么我们可能得到更多，自然也没有什么烦恼可言了。

庄子妻死，他“鼓盆而歌”。旁人不解，他说：“生死如春夏秋冬四季的变化运行，既不能改变，也不可抗拒，所以顺天安命。”宇宙人生都是因缘和合，缘聚则成，缘灭则散，才能在迁流变化的无常中，安身立命，随遇而安。很多名人的成功都要归功于“随遇而安”四个字。

孟非，江苏卫视著名主持人，中学时代严重偏文科，数理化三科总成绩不足100分，黑暗得让他看不到未来。

印刷临时工做得异常辛酸艰苦，他的双手甚至差点被机器卷走，但这段经历却奠定了他往后的不平凡。

他做过摄像、记者、编导、制片人、主持人，但无论做什么，他都不抱怨，不强求得到什么，所以他的命运就在不经意间发生转折。

他得失随缘，随遇而安，顺应本心，他坦然面对人生的每一次改变，最终成为国内最当红的主持人之一。

央视著名双语主持人季小军年少时，就有朦胧的主持人梦想，但是大学毕业后却成了国家公务员，之后是留学，学英语，做司仪，他的每一步都从未刻意追求，但命运之神却在多年后将他带回主持之路。做完了该做的事后，有些事就自己来了，何必刻意呢，这是季小军豁达快乐的人生态度，也是他成功后的真诚分享。

所以，万事随缘，得之，我喜；不得，我亦无忧。这是一种胸怀，一种成熟，更是对自我内心的一种自信和把握。

随缘，是对现实正确、清醒的认识，是对人生彻悟之后的精神自由，是“得即高歌失即休”的超然，更是“一蓑烟雨任平生”的从容。

拥有一份随缘之心，不刻意追求，你就会发现，无论是阴云密布还是阳光灿烂，是坎坷还是畅达，心中总是会拥有一份平静和恬淡。

越简单越快乐，越纯真越安宁

人情应酬可省则省，不必迁就勉强敷衍。

——弘一法师

人有七情六欲很正常，这也是人得以存活和发展不可或缺的东西。可是任何事情都有个度的问题，一旦七情过多或六欲太重，人势必会陷进欲望和抱怨的陷阱。

一个渔翁每天都在海边钓鱼，他每天都会钓很多鱼，但他与其他钓鱼的人不同的是，他每次都会用尺子量鱼。他把比尺子大的鱼放走，而只留下小鱼在自己的篮子里。

很多人都不解，就问他原因，他憨笑着说："我家的锅只有尺子那么宽，鱼宽过尺子了，就放不下锅了。"

也许有人会嘲笑这个渔翁不开窍，说"只要把大鱼分块就行了，没必要舍大鱼而要小鱼"，或者提供其他方案，但是这个故事折射的人生哲理是"够用就好"。

渔翁的生活理念很简单、很纯真，所以他是知足的、快乐的。而人的欲望一旦过多，痛苦势必就会很多；人的妄想太多，神思势必就会浑浊，内心势必就会变得复杂、浮躁，甚至势利，就会忘记自己真正需要的东西。这确实是一件可悲的事情。

生活中还有些人有完美主义心理，他们对人、对事严苛，不允许别人犯错，不体谅别人，他们不懂得“水至清则无鱼，人至察则无徒”的古训，从而使自己生活在孤寂和焦灼之中。这些人甚至对自己也很苛求，不允许自己犯错，凡事一定要做到最好，但事实往往是，经常会把自己累得够呛，做的事情也未必如事前想象的那般美好和到位。

总之，这种人畏首畏尾、恐惧缺憾。心理学家认为，过分追求完美对人的身心伤害很大，过于追求完美也就没有了完美。下面这个故事就说明了事事追求完美，不仅达不到完美，还会伤害自己。

一个珠宝商千方百计得到了一颗价值连城的珍珠，但是他仍然感到不满足，因为珍珠上有一个小黑点。他每晚都在想：如果把那个小黑点去掉，这个珍珠就完美无缺了。

于是，他付诸行动。他开始一层一层地剥珍珠，但是剥到最后一层，那个小黑点仍在。而当他把小黑点剥掉的时候，这个世界上最珍贵的宝物也不复存在。

这个珠宝商为此心痛不已，悔恨万分，从此一病不起，最后含恨告别人世。

珠宝商一心渴求完美，但完美却离他越来越远，最后也因为自己的完美主义而终结了自己宝贵的生命。

世上没有绝对完美的事物，强求完美，只会得到失望、沮丧、焦虑、紧张等负面情绪，进而影响自己的健康，也会招致失败。而如果保持一颗简单的心去看待诸般万象，就能得到大智若愚般的快乐。

过多的欲念和过度地追求完美，是现代人内心复杂、充满不必要烦恼的两大根源，还有一个根源是过度的忙碌。每天行色匆匆，看似很上进，其实扰乱了自己的心灵，使自己不知道自己最需要的是什么，从而迷失最初的自己和梦想。

一个作家兼编剧的一部电视剧大火了之后，摇身一变，变成了大忙人，成为媒体和大众的宠儿。各种名目的讲座、专访、交流活动日益增多，她还在投资理财和地产方面大显身手。

刚开始，她还很满意这种完全充满的生活，觉得这些都是自己以后写作的宝贵素材。但慢慢地，她就开始疲于奔命，觉得自己的生活好像缺少了点什么或者失去了点什么。

直到有一天，她坐到办公桌前，看着助理为自己列的密密麻麻的日程安排表时，她终于不堪重负，瞬间崩溃。

她开始反思这几年来的生活：自己还是之前那个简单生活的作家吗？现在的生活是自己最想要过的生活吗？这几年一直很累，就是因为自己背负太多自己不想要的包袱了，想到此，她就做出了一个重归以前简单作家生活状态的决定。

她“大胆”地取消了所有的讲座、节目、电话预约，停掉预定的一切杂志和报纸，并不再关注投资理财和地产方面的讯息，她还注销了一些信用卡，以减少每个月收到的账单函件。最后，助理瞠目结舌地看着她，因为她总共推掉了近100项活动。

她说：“这下我的生活变简单了，我可以安心地创作，好好享受生活了。”

说完，她重重地呼了一口气。

可见，人的心灵疲惫、不清静、不快乐其实都是自找的。如果你不给自己烦恼，别人永远不可能给你烦恼。禅语曰：生活的喜悦和快乐都是由内心散发出来的，不是由他所拥有的外在的一切给予的。

所以，如果你不快乐，就说明你对生活不满意，对自己也不满意。你一定把自己和生活搞复杂了，你的内心一定不是由你自己决定的，你一定太在意对世俗的迎合，过多地受制于他人的影响，从而丧失了自己的意志。那么，请放下所有包袱，删繁就简，去追求自己真正想要的东西吧。

大道至简。如果能用最简单、更简练的方式处理问题，那为什么不用呢？简简单单，就能得到快乐，得到心灵的安宁，为何不简单点呢？这么“合算”的事为什么不做呢？为何要自寻烦恼呢？

我们能掌控的唯有我们自己，那就“掌控”自己做个简简单单、纯粹的人吧。这也是快乐生活的真意。

第三章

不较真：遇事不钻牛角尖，人也舒坦，心也舒坦

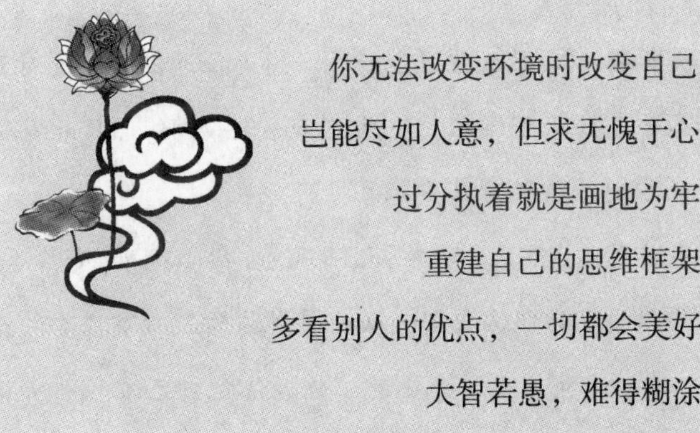

你无法改变环境时改变自己

岂能尽如人意，但求无愧于心

过分执着就是画地为牢

重建自己的思维框架

多看别人的优点，一切都会美好

大智若愚，难得糊涂

……

你无法改变环境时改变自己

大着肚皮容事，立定脚跟做人。以仁义存心，以忍让接物。

——弘一法师

法国文化部部长阿亚贡曾这样评价孔子：孔子是中国哲学最具影响力的代表，他闪烁着智慧的人生哲理不仅贯穿中国文化，同样也传播到西方国家，并对西方哲学和文化产生重要影响。

古来圣贤皆寂寞，悲欣交集。孔圣人也难逃这个怪圈。

孔子生于春秋末期，20岁时就博学好礼，想走仕途之路，遂对天下大事非常关注，经常思考怎么治理国家，也常发表一些见解，到30岁时，已有些名气，但直到51岁时才被任命为中都宰。

55岁时开始周游列国，历时十四年，颠沛流离，备尝艰辛，受尽冷嘲热讽。

68岁时终于回到自己的祖国鲁国，从此对实施仁政心灰意冷，开始一心从事教书育人的工作，这也是最适合他的工作。他把自己多年来所总结和积累的学问传给后人，直至73岁去世。

他一生得不到重用的主要原因是他找不到可以实施仁政的土壤，无法推广自己的政治理想。这就与他身处的大环境和社会现实有关。

当时的社会正处于大变革的时代，社会要进步，国家需要的是法制，而不是他所倡导的儒家思想治理国家。当时列国纷争，战乱频起，大国希望通过武力征伐而称霸，小国希望通过练兵而由弱变强。孔子所推崇的儒家学说就不能满足当时社会和各路君王的需求，所以一生就在政治上无所作为了。

孔子一生执着于自己的思想学说，但一生都在碰壁，直到68岁时才过起安定的不再漂泊的生活。他一生不知经历了多少艰难和痛苦，但也正是这些艰难和痛苦造就了享誉中外流芳百世的孔子。

其实，孔子一生的际遇，用现代词说是不适应社会，不会审时度势。孔子的儒家只适合和平时期，而不适合动乱年代。这也是孔子至今没有被遗忘的原因，正所谓：有心栽花花不开，无心插柳柳成荫。

因为不适应当时的社会和时代潮流，所以孔圣人一生仕途不得志。这对现在的我们有很大启示，即世界本来就不完美，我们只有学会适应，方能成就自己。

一个朋友在一个公司工作五个月后愤而辞职了。他说："这家公司管理很乱，五年了，一直在亏损。老总业务能力很强，但疏于管理。高层领导也只会窃取别人的劳动成果，中层领导不精通业务还傲慢自大，很多事都不能秉公处理……"

无疑他所处的是一个不完美的环境，但辞职以后下一个环境就会完美吗？找别人的缺点往往都能一针见血，但这能改变什么呢？让别人来适应自己很难，唯有自己尝试主动适应这个环境，尝试着与同事们交往，虚心听取他们的意见，也许就会发现：这些人，或者这个公司并没有想象的那么坏，那么难以共事。

人都激情满怀过，都有鲜明的棱角过，但最后往往不得不与现实妥协，不得不磨圆自己，去适应这个不完美的世界。

成功的人，大多内心火热、行动冷静，而不再把激情和憧憬常挂嘴边。肖伯纳说："明智的人使自己适应世界，而不明智的人只会坚持要世界适应自己。"

转换一下我们的思维，多一点韧性，必要时弯一弯，转一转，学会变通，我们就可以跨越生命中的很多障碍。

比尔·盖茨对青年人有过一句忠告："这个世界本来就不公平，你要学会适应它。"说的也是适应的问题。

下面是一个律师的压力面试，我们来看看他是怎么临变不惊、顺势而为，怎么适应面试官、脱颖而出的。

一律师如约而至一家公司，他发现同时面试律师职位的还有两人。他们都是按时而来，但是却等了 15 分钟才开始面试。

面试的是行政总监张总，他简单地向各位表示道歉，然后开始一个个地面试。

他提的问题多少都带有挑衅意味，不是在简历上故意挑错，就是假设对方被 PASS，会是什么原因。

第一个求职者好脾气，问什么答什么，不轻易表现出自己的愤怒情绪；第二个针锋相对，还批评了时间安排不合理。他是第三个面试的，比约定时间已经晚了 45 分钟。

张总说："很抱歉，让你久等了。"

他说："不迟到是律师的职业操守，客户倒是有时候不准时，我也总是往好的方面想，比如今天您一定有脱不开身的理由，可能有重要会议之类的。"

张总说："谢谢你的体谅。" 然后话锋一转，开始不客气："我从你的简历中发现两个语病。对律师而言，这可是致命的语法错误。"说完直直地盯着对方。

他先是一惊，随即笑了："看来我要维权了。律师的严密训练，让我检查了很多遍，我还让我一个美国朋友帮忙把了一下关，竟然还有错误。您能告诉我什么地方错了吗？"

张总觉得这人很机敏，就主动避开了这个话题。最后抛出了那个足以让面试者疯狂的问题："如果这次你落选了，你会抱怨吗？"

他还是像刚才那样，笑着说："我会抱怨的，我会抱怨公司招人太少，让大家这么拼抢。不过我还真想知道，我为什么落选。"

张总很欣赏这个人临变不惊、顺势而为的气度和机智，就说："如果不出意外的话，我现在就能告诉你，你行。不过，我还有最后一个问题。我想知道你是怎么看待今天的面试时间安排的？"

他说："在等待中，我与他们聊过，发现我们都被通知同一时间面试，这的确有点不合理。因为我们律师对当事人可是按小时收费的。不过，既然HR这样安排，一定有他的道理。莫非是想试探我们的忍耐程度、抗压反应能力？"

张总完全被这人所征服，他说："你说得很对。律师处理的每件事都无异于一场谈判。如果对手傲慢无礼，这种临场不惊的适应能力和态度就是一种策略。这样才不会被别人的行为和意见牵着鼻子走。你面对这种情况，还懂得幽默，这种适应环境、适应他人的心态真难得。"

HR在给他办理入职手续时，不禁好奇地问他："面试上为什么能有那么好的表现，对伤自尊的测试，你一点就不生气吗？”

他平静地说：“我如果生气的话，哪还有心情幽默？我父亲从小就给我说过，不公平才是这个世界的本来面貌。”

人生在世，要想得到真正的发展，就不能一味地怨天尤人，一味较真，因为有些事情是你不能或者无力改变的，你能改变的也只有你自己，你能做的也只有积极地调整自己去适应环境，这样你才不会最终沦为莽夫或庸人。

人生如水，我们既要尽力适应环境，适应他人，也要在能力可及范围内，努力改变环境，实现自我，这样才能拥有一个成功而有意义的人生。

岂能尽如人意，但求无愧于心

于做事，必克己谨严，要做到极致。

——弘一法师

一个从山里走出来的大学生毕业后，毅然放弃省城的高薪工作，而回山里做教师。

他的这一举动没有多少村人能理解，有的说“他大学肯定没念好，没有找到好工作，才回的山里”；有的说“真是白瞎我们那么多钱，早知道他上完后是这个结果，当初我们就不该挨家挨户给他筹学费”；还有的说“他肯定是被学校开除的”。总之，人言可畏，他算是领教了，但是这些流言蜚语丝毫没有动摇他的决心。

他的想法是：正是村人筹钱让自己上大学，所以自己学业有成后，才打算回山沟里报答他们。他要凭借着自己的力量让山里的娃都走出这个穷山沟。

他是这么决定的，也是这么做的。他一做就是30年。老师这个职业，表面上看起来既轻松，又受人尊敬，其实冷暖自知。每日重复、单调的工作没能让他却步，老师职业病的折磨也没能让他退缩，慢慢地，村人开始理解了他，因为经过他手栽培的娃大都走出了这个穷乡僻壤。

一代代的娃为这个山村贡献着力量，他们为山人修了公路，山里的世界就与外界有了连接，外界的信息也源源不断地传到了山里。山人不仅发家致富，娃娃们也都上得起了大学，而不再像他那样，需要全村人筹款。

这30年，他没有抱怨过一句，没有解释过一句。他知道，行动胜于语言，唯有行动才能证明自己。

成功有两种：一种是别人认可的成功；另一种是自我认可的成功。无疑他选择的是自我认可的成功。于丹说过："真正的成功，不是来自别人的认可和评价，而是由自我满足带来的宁静平和的心态。如果你在自己力所能及的范围内，尽了最大的努力来改进你的现状，这就是你最大的成功。上帝赋予每个人的身体、智力水平都不尽相同，只要尽己所能，全力以赴，把生命的能量发挥到极致，结果就已经不再重要。"虽然刚开始他没有让村人理解和满意，但他做了正确的事、该做的事，所以他无愧于心，他很开心和知足。

过自己选择的生活，做最好的自己，我们就是快乐的。如果活在别人的眼光里，被他人的所作所为束缚，我们就不会真正的快乐。

乔布斯说过，人的时间有限，所以不要为别人而活，不要活在别人的观念里，不要让别人的意见左右我们自己内心的声音。勇敢地追随自己的心灵和直觉，其他一切都是次要。用倔强、可能笨拙的心去做自己热爱的事情，不要在意别人的议论，不要怕被别人当傻瓜看。给自己一个机会，不要害怕，不要担心，让生活来证明。

也正是有这样的信念，乔布斯找到了他一生挚爱的事业，并为之奋斗。

俗世凡人，总是在意别人对自己的看法和评价，其实自己仰不愧于天，俯不怍于人，就大可不必理会或者介意别人的扭曲和搬弄的是非。当然如果对我们的名誉造成了重大伤害，则应该考虑法律武器加以追究。不管是哪一种，我们都不应该有太大的心理压力，否则就是拿别人的错误惩罚自己。

一只小毛毛虫趴在一片叶子上，用新奇的目光看着周遭的一切。它看到有些虫子飞的飞，跑的跑，唱的唱，跳的跳，它很是羡慕，觉得自己除了挪动那么一点点，似乎什么都不会。

它觉得自己可怜无比，孤零零的，像是被世界抛弃了一般。但是尽管如此，它也没有绝望，因为它懂得：每个人都有自己该做的事情。把自己该做的事情做好了，就无愧于自己，其他事情就不用去想了。

而它的事情就是学会吐丝，吐纤细的银丝，这样在临近期限的时候，它才能把自己从头到脚裹在温暖牢固的茧房里。

毛毛虫没有一刻迟疑，它尽心竭力地工作着，不去想外面热闹的世界，也不去想未来会怎样，它就那样与世隔绝地吐丝着。它仿佛听到一个声音在说："要耐心些，一切都将按自己的规律发展。"

时辰到了，当它清醒过来，睁开惺忪的睡眼，发现自己已经不是那个笨手笨脚的毛毛虫了，它竭尽全力从茧子里挣脱出来，它惊奇地发现自己身上多了一对轻盈的翅膀，那翅膀五彩斑斓，煞是好看。它高兴极了，就扇动翅膀，没想到自己竟然飞了起来。

毛毛虫变蝴蝶的故事人尽皆知，其实，笨手笨脚的毛毛虫也知道做好分内的事，这样就会觉得开心。

人的出身是自己无法选择的，但人生路途却是由自己决定的。想要什么样的人生，就要付出相应的努力。而最重要的就是做好自己应做的事，且要脚踏实地、一心一意做事，不要听信别人的言论，做好自己的本职工作，不断进取，最终会取得成功，生活得开心快乐。

过分执着就是画地为牢

物忌全胜，事忌全美，人忌全盛。

——弘一法师

人活于世，就会有欲望和追求。我们执着地追求着我们的追求，我们追求着房子、车子、票子，我们执着地为实现我们的理想拼搏着，我们执着地追求爱情和婚姻，所以成功和失败就交替填满我们的每一天。

但是，有时，我们会觉得人生压抑，苦闷繁多，没有自由的心灵。有些人即使拥有世俗意义上的那些之后，内心依然空虚，生命也耗费大半，他们觉得自己除了是一个活生生的生命外，其他什么都不是。

帝洛巴是印度噶举派开山祖师，那洛巴是密教之大成就者，且是帝洛巴的弟子。

在一个早晨，那洛巴去向师傅帝洛巴求法。

帝洛巴问他："你想寻求什么呢？"

那洛巴说："我想寻求开悟后的自在。"

帝洛巴又问："那么你想从哪里得到解脱呢？"

“尊主啊！我想从各事各物中解脱出来。”弟子回答说。

帝洛巴说：“不是外来的东西束缚了你，而是你的执着束缚了你，只有放下执着，你才能开悟，得到当下的自在。”

听完师傅的话，那洛巴就顿悟了，离开了。

帝洛巴唱起了“有执着处，就有痛苦；有偏见时，就有限制”来为弟子送行。

平心静气观看看我们的人生，我们的人生充满各种各样的执着，而我们的痛苦也大都与这些执着有关。执着就如手铐、脚镣，带给人束缚，让人行动不自由。要想得到心灵的自由和超越，摆脱身心的桎梏，唯有放下执着。

老谢是一个资深棋迷，他最大的乐趣就是同别人下棋。他20多岁的时候，棋艺已经很高，高到已经超过了以前教过他的老师。

他生日那天，很多人都来庆祝，也包括他的这位老师。资深棋迷怎么可能会错过与老师对弈的机会呢，于是，宴席过后，他就开始与老师过招。老师倒也没推辞，只是提了一个要求，即要加赌注。第一局要以一百元做赌注，第二局以老谢新买的爱车做赌注，第三局则是他女友送的生日礼物。

老谢想：老师是自己多年的手下败将，这次竟然变着花样玩，再怎么玩，我也会赢，于是就痛快地答应了。

第一局，老谢轻松胜出。

第二局还没开战，老师就很郑重地警告说：“这局要小心了，不可大意，否则车子就归我了。”出人意料的是，这局老谢竟然输了。他额上开始冒汗。

第三局，老师又发话了：“如果你这局赢我，不仅女友的礼物归你，你的爱车也一并归你。”但是结果老谢还是输了。

老谢怎么也想不通自己会输，自己把全部精神都放在了棋盘上，自己那么用心地与老师过招，自己怎么会这样大失水准呢？

老师当然没有要老谢的车子和生日礼物，只是临走前，送给徒弟五个字：“外重者内拙。”。

老谢恍然大悟，知道自己太执着于赢，尤其是赌注一局局加大的时候。正是因为思想上多了牵绊，所以本来可以轻松胜出的事情就搞糟了。

执着就是看重，就是太在意。太在意什么，就会自乱阵脚，越在意得失，越容易失去。看淡了名利和得失，反而还更容易得到，就是因为少了患得患失的压力和束缚使然。

执着是一种负担，放下才能解脱。执着不仅表现在名利、得失这些大的方面，还表现在日常的为人处世上。

卡耐基可说是人际关系专家，但是他早年却有过执着给别人纠正错误的癖好。

一次，卡耐基和朋友去参加一个宴会。他身边一位先生很健谈，给他们讲了一段幽默故事。故事中引用了莎士比亚的一句话，但是那人却说出自《圣经》。为了表现优越感，或者只是诚实地说出自己的想法，卡耐基竟然给那人当场纠正起来。

那位先生立刻反唇相讥，与卡耐基争执起来。卡耐基就请朋友帮忙，因为他知道朋友是知道那句话出自莎士比亚作品的。但是他朋友只是在桌下踢了卡耐基一脚，然后说：“那位先生是对的，这句话是出自《圣经》。”

回家路上，朋友向生气的卡耐基说出了原因：“亲爱的戴尔，为那么一点小事值得与人那么执着地较劲吗？我们是宴会上的客人，证明他错了，他会喜欢你吗？他也并没有征求你的意见，为什么不给他留点情面呢，即便你说的是实话？”

卡耐基听后，不再言语，从此后，就改掉了自己执着讲实话的癖好。因为实话与别人的面子比起来，还是保持别人的面子更重要，更能为自己赢得朋友，拥有融洽的人际关系。

每人都有自尊心，有的人自尊心特别强烈和敏感，稍微有所刺激就会有反应，轻则会立即板起面孔，重则会马上还击。所以，不看对象、不分场合地死板地执着说话做事，无异于画地为牢，让自己处于尴尬甚至凶险的境地。

执着只有与变通、圆融结合起来，我们才能避免给别人和自己带来不必要的烦恼和人事纠纷。这并非只是明哲保身，也体现了做人的大度。

所以，要想成为一个成功和快乐的人，就不要事事处处与人计较，更不要带着那颗过分的执着心，它只会束缚我们的发展，为我们的人生设置障碍和樊篱。

重建自己的思维框架

临事须替别人想，论人先将自己思。

——弘一法师

相传冯小刚拍《唐山大地震》这部电影时，要拍摄一个吊车轰然倒下的场景，摄影师为了拍出最大的视角，已经尽力向后仰了身体。但是这个角度冯导仍然不满意，他怒气冲冲地拿起铁锹在地上挖了一个大坑，示意摄影师跳进去再拍摄一个。果然，摄影师在坑里轻轻松松地就拍摄了一个大视角。

人的视角就如同一种思维、一种眼光，换种思维框架，你就会看见不同的天地，这对我们取得成功很有帮助。

日本伊豆半岛上迎来了两个观光团，它坑坑洼洼、甚是颠簸的路引来很多旅客的不满。为此一个导游不停地给旅客道歉，说路面一直都是这样，他一定会让有关人士整修这段路面。

然而另一个导游却换了一种说法，他高兴地对游客们说："亲爱的游客们，我们此刻正走在赫赫有名的'伊豆迷人酒窝大道'上。"游客被他诗意盎然的表述打动了，心情也变得诗意盎然起来。

同样的情况，不同的思维框架，就会产生不同的表述，带来不一样的心情。思维框架是何等奇妙的事情啊。

一小孩洗澡时不小心把一小块肥皂吞下，他的妈妈万分焦急，马上求助于家庭医生。

家庭医生有事不能马上赶到，就给这位很紧张的妈妈说："你可以让孩子喝一杯白开水，然后用力跳一跳，这样他就可以用嘴巴吹泡泡玩了。"

同样一件事情，妈妈可能只会担心、紧张，但是如果能像医生那样乐观思维，就能把自己从过分紧张中解脱出来了。

前面讲过西西弗斯的故事，那个故事还可以有不同的表述，即西西弗斯改变了自己的思维框架，所以他得到心灵的解脱。

西西弗斯面临的绝境是"永无止境的失败"，这是诸神对他心灵的永恒惩罚。

但是，有一天，西西弗斯开悟了。

他想："推石头上山是对我的体力惩罚，是我的责任，只要我把石头推上山，我就尽到了责任。至于石头还是要滚下来，那就不是我的事了，也不是我人力可为。石头还是要滚下来，至少说明我明天还有事做。"

这样想着，他的内心就平静许多，变得不再浮躁，不再有深深的挫败感。

于是诸神对他的诅咒就自动消失，他从归天庭。

可见换种思维框架，就会有天堂和地狱的不同。正所谓一念天堂，一念地狱。

在工作中，职场人不可避免要面对来自领导或同事的批评。有些人不加掩饰，就批评起来。过于敏感的人一遭到批评，就想着领导在给自己穿“小鞋”，各种潜规则就会从脑子里闪出来，于是开始闷闷不乐、情绪低落，甚至意欲跳槽。

其实，真实的情况未必如此，毕竟凡事都要多交流才能做论断。

在没有交流前，何不积极改变自己的思维框架呢？何不积极正面地想问题呢？

第一，领导在履行职责的时候，可能是对事不对人的。领导可能不是故意找自己的碴，跟自己过不去。你们之间是工作关系，如果不是这种关系，领导也不会说。

有了这种想法，与领导间就不会轻易形成抵触心理，从而影响正常的工作关系和感情。

领导态度不好，也可能只是方式、方法欠妥，这时，也要理解和支持。毕竟相互配合才能共同进步和发展。

也可以看做是领导对你的关心和指点，或者是对你应变能力的测评，或者他真是舌头板子压死人型的老板。总之，不管是哪种情况，你终要用行动和成绩来改变别人对你的看法。这才是一个乐观成熟的职场人应该具有的思维框架。你犯过的错误也属于你的工作业绩，不是吗？

如果确有冤情和误解，可以找个没有第三者在场的机会表白一下，即使领导没有完全向你认错，也用不着没完没了，过于追求是非曲直，这样领导就会认为你心胸狭窄，经不起任何误解。

如果确实很冤枉，给自己造成了很大的影响，可以考虑申辩或申诉，保护自己的正当利益。

第二，设身处地，把自己看作领导来处理这个问题。

如果自己的下属犯了这种错误，自己会怎么样呢？会不管不问、放任他吗？

从自我角度看问题，人难免陷入狭隘、偏执、片面的泥潭。适时转变思维角度，就会进入别有洞天、豁然开朗的境界。

第三，最好的心态就是正视批评，接受批评，坦然认识自己的不足和缺点，并积极着手解决造成的不良后果。有则改之，无则加勉。

其实，人与人之间的很多误解和偏见都是由于交流太少造成的。所以，平时不妨主动、有效地与领导和同事沟通，这样当出现问题的时候，别人就不会只注意到问题，而没有在意出问题的原因和你的苦衷了。

同时，也要反省自己与人交往的方式和方法是不是出了问题，这些都有利于自己的成熟和自我提高。否则，压力就会如滚雪球般把人压垮，人也会渐渐地迷失自我，离成功的路越来越远。

心理学家研究证明，一次强烈的刺激要比多次低度的刺激更能够对一个人产生作用，更能影响其以后的行为。所以，有人批评你的时候，尤其是领导批评你的时候，一定要积极转换思维框架，静下心来听明白。切记，千万不要与他们发生争执。

多看别人的优点，一切都会美好

论人当节取其长，曲谅其短。

——弘一法师

哲人说过：人类是自私的动物。人都有需要克服的人性的弱点。人都有炫耀自己、表现自己、议论他人、贬抑他人的心理，这都是由我见引发出来的。

太关注自己而忽略别人，人与人之间势必矛盾丛生，不能和谐共处。

一对夫妻已经结婚8年。

男人嫌弃女人每天都唠叨个没完，所以就像老鼠躲猫似的躲着她：能加班就加班，能出差就主动要求出差，能在外面应酬就在外面应酬，总之，就是极尽所能地躲着她，不在家里出现。

女人嫌他懒惰，整天乐得逍遥，不想办法多挣钱，也不帮着做家务，恋爱时无微不至的关怀、体贴、勤快都消失殆尽。

他们几乎每天都吵架，每次都吵得没完没了。

一次，他们开车外出。在车上，两人又因为某些事情争吵起来。他们吵得越来越凶，已经到了僵持不下的地步。

由于天气闷热，开车的先生情绪恶化到极点，就打了太太一耳光。这时，一个控制不住，车子朝一个庞然大物撞了过去。夫妻俩眼一黑，不省人事。

恍惚中，他们来到了天堂门口。他们正要进去，一天神拦住了他们。

天神说："这里是优点天堂，你们不能同时进去，你们必须先进行一个测验，通过了才可以进去。"然后递给他们每人一张纸和一支笔。并说道："一分钟内，谁写对方的优点最多，谁就有资格进去！"

太太想："这可难不倒我，我写他的缺点能写10页，我只要倒过来写就对了。"

先生也是这么想的。但是他写了几项后，忽然想起这正是婚前他看上的太太的优点。太太每当把粥熬糊的时候，都会先给自己盛，盛的都是上面的没有煳味的粥。太太给自己买衣服时总是不看价钱，而自己则舍不得买很贵的衣服。太太给自己泡的茶，总是一次比一次清淡，他知道那是为自己的健康着想。

想到这，先生就停笔不写了："我亏欠太太太多了，想我这么多年，我并没有按照结婚时所说的给她幸福。太太记性差，肯定没有我快，我还是把去天堂的机会让给她，以弥补我对她的亏欠吧。"

一分钟很快就到了，两人都交上了考卷。但是太太那张是空白的，而先生那张写了三行，即盛没有煳味的粥，买贵衣服，泡茶。

天神说："先生写的是最诚实的，是他最真实的表现，所以才会显示在纸上。先生可以进去了。"

太太看着先生写的，不禁哭了起来。先生给天神跪下："让我太太进去吧，她优点太多了，刚才时间有限，我就写了那么三件。"

这时，天堂的大门已经消失，天神抚须而笑："既然如此，你们回人间继续书写彼此的优点吧。"

他们睁开眼时，发现自己躺在医院的病床上，两人对视而笑。

一个国学老师曾说过：结婚之后，只看对方的优点，不看对方的缺点，这样婚姻才不会成为爱情的坟墓。

上面故事中的夫妻就是这样，看到的都是对方的缺点，一念之间爱情的天堂变成了人间的地狱；念想发生转变，重新看到了对方的优点，又一念之间，人间的地狱变成了幸福的天堂。

人之所以能够生活得愉快，关键是能够彼此宽容，即宽容对方的缺点，多欣赏和感激别人的优点。多欣赏、赞美别人的优点，他就会不断地表现他的优点，他的缺点自然慢慢地就会屏蔽不见。

每个人都有他的优点，你没有发现，那么一定是你缺少发现的眼睛。等你发现了，请你一定要真诚地、不吝惜地夸奖他，这样人际关系就会和睦如春，你也能获得更多的朋友。

一个很暖和的中午，父女俩在大街上享受着一片艳阳。

他们同时发现一个穿着邋遢且不合时宜的老太太。

女儿说："这个老太太太滑稽了。"

但是爸爸却说："我看到的不是她的穿着，而是她安详愉悦的表情，你瞧她手里拿着丁香花。"

爸爸赞美了老太太一番，老太太很激动，就赠给女儿一盒甜饼。

爸爸也借此教育了女儿，要多看别人的优点、闪光点，这样一切才都会美好。

这就是赞美、真诚的欣赏带来的力量，于是友谊出现了，一切美好的事情都出现了。美好的一生就是这么快乐、充实。

人性的弱点在于我们会经常夸大别人的缺点，却缩小自己的缺点。这样的人朋友不会太多，工作也不会开展得多顺利。西方有句谚语：谁要求没有缺点的朋友，谁就没有朋友。

所以，要学会圆通待人、圆融处世，努力喜欢你周围的人，发现他们的闪光点，而不是一味地揪住他们的缺点不放。长此以往，只看他人的闪光点，就会变成一种习惯。你会发现，自己变得不再较真别人的缺点，自己变得越来越容易接近，自己的好性格于无声息中已经慢慢养成，你的工作和生活也变得越来越心想事成。

大智若愚，难得糊涂

心思要缜密，不可琐屑。

——弘一法师

大智若愚，难得糊涂，表面上看有点像傻子行为，其实是立身处世的不二法门，是人屡经世事沧桑之后的成熟和从容，是人生大彻大悟之后宁静心态的写照，更是幸福生活的保障。

请看下面这则温馨小故事：

一位父亲下班回家，一进门，就看见家里一片狼藉。原来10岁的儿子正用他的工具修理东西，工具箱是打开的，儿子手上是脏兮兮的，沙发和茶几上也满是油污。父亲看了一眼就怒上心头，但是并没有发作。

小家伙看见了父亲，就上前一把抱住了父亲的脖子，亲了几下后说：“爸爸，你今天在公司是不是有不高兴的事，我说得对了吧？赶紧歇歇吧。”

听到这话，这位父亲的怒气慢慢就削减了几分，他温和地对儿子说：“是啊，爸爸今天在公司忙坏了。你以后不要打开爸爸的工具箱，小心弄伤了手。爸爸这么辛苦了，还要收拾这乱糟糟的家，还要照顾你，爸爸更辛苦了。”

小家伙满口答应下来。

这位父亲就是大智若愚型。

他对儿子的调皮捣蛋行为也是生气的，但是他没有当时诉诸语言暴力和身体暴力，而是佯装不生气，先与天真的孩子建立亲密信任关系，最后再对孩子晓之以理，动之以情。这样孩子就容易接受了。

这位父亲不是傻子，他只是懂得装傻充愣来教育孩子，何况孩子还是那么懂事。

下面是一则妻子装“傻”的小故事：

阿橙的老公去参加同学会，没有带上自己，阿橙也没有追问原因。

一日，老公的哥们，也是同学来家中做客，问起此事。阿橙故意低眉顺眼一笑：“我家那位没让我去，我就不敢去。”

在厨房忙活的老公出来后，对阿橙呵呵一笑，那表情既有怜爱，又充满感激。

其实聪明的阿橙怎会不知老公的心思呢？

阿橙与他谈恋爱时就问过他过去的情事，但他就是不愿提及此事。还是一个偶然的机会，一个女同学向阿橙道出了老公的情事。原来，老公当时谈恋爱谈得死去活来，惊天动地，但是因为女方父母强烈反对而被迫分开。女方父母嫌他家境贫寒，没有本事，怕女儿跟着他受苦。所以那个女孩就成了老公的一个痛处。

那女孩是他大学同学，大学同学会，那女孩想必也去，老公怕尴尬，就没让自己去。她相信老公的为人，更相信老公对自己的情意，所以就信任老公，就装傻了，也赢得了老公的信任和深情。

生活中这样鸡毛蒜皮的小事还很多，比如孩子放学回家，对你说好烦啊，但是却不告诉你所为何事，老公下班后对太太无心发的牢骚，太太对老公的抱怨等，不一而足。如果每一件，我们都要斤斤计较，那不仅会使自己的家庭关系紧张，自己工作中的人际关系也会受影响。

大智若愚，难得糊涂，在历史人物身上更是用得惊心动魄，使自己即使身处劣势亦能明哲保身，始终立于不败之地。

三国时期的司马懿，可谓绝顶聪明，却总喜欢装糊涂。

魏明帝死后，他和大将军曹爽共同辅佐年幼的皇帝曹芳。曹爽为了发展自己的势力，就不动声色地架空了司马懿。

司马懿的兵权被夺去，只做了一个有名无实的太傅，根本无法与曹爽抗争。

此后，司马懿便称病在家，以躲避曹爽的锋芒。

这正中曹爽下怀，但他也没有忘记司马懿的存在。

一次，曹爽的心腹李胜出任荆州刺史，曹爽便让他去司马懿处告辞，借机窥探一下司马懿的动静。

老谋深算的司马懿当然知道李胜的真实意图，就上演了“衰朽不堪”的戏码。

他让两婢女搀扶着，自己坐在床上。看见李胜进来后，就颤抖着手去拿衣服，衣服没拿好，就掉在地上，又说自己口渴，让婢女端来一碗粥。司马懿喝粥时，粥又都顺着口角流到胸前。

李胜见状，佯装哭泣起来，说没有想到明公病得这么严重。司马懿长叹一声：“我年老多病，危在旦夕，你去并州，好自为之吧，那里离胡人很近，你要多加小心。”

李胜连忙纠正说：“我是赴任本州，不是并州。”

司马懿又装作昏聩地重复地说：“你去并州，好自为之吧。”

李胜这时终于没有耐心，大声地说：“我是去荆州，不是并州。”司马懿这才想起来，李胜是荆州人，所以把到荆州做刺史说作“本州”，本、并音近，正好被司马懿钻了空子。

司马懿还没演完，他还把两个儿子司马师、司马昭叫出来，并让他们与李胜结为朋友，求他在自己死后多多关照他们，说着，司马懿竟然真的哭了起来。

其实，司马懿当时身体状况很好，只是故作昏聩老朽来迷惑李胜罢了。

从此，曹爽便不再畏惧司马懿，开始更加肆无忌惮地恣意弄权。这也正是司马懿期望的。

翌年正月，曹爽兄弟陪幼主曹芳到高平陵祭祀祖先。刚离开，司马懿就开始在城中部署兵马。没多久，就控制了都城。随后，就收集罪证，并以皇太后名义罢免曹爽兄弟官职，在朝中剪除曹爽的党羽，将其一一投入监中。不久就以谋反大逆的罪名，诛杀了曹爽等人。

司马懿在自己处于“人为刀俎我为鱼肉”的情况下，采用装聋作哑的办法，蒙蔽了对方，从而保护了自己，避敌锋芒，以此来反败为胜。

可见，“大智若愚，难得糊涂”，是高明的处世之道。

如果你处处表现锋芒，时时显示比别人聪明伶俐，就很容易招来嫉妒，为自己树敌，给自己带来伤害，甚至招致杀身之祸。

所以，在与人交往时，就要适时“装傻”：不要太露自己的高明，更不能纠正对方的错误。这样才能给对方留余地，自己也有台阶下。

某种意义上，谁不能领会大智若愚、难得糊涂的神韵，谁就是真正的傻瓜。

大智若愚、难得糊涂能使我们做人有人缘，做事有机缘。它意味着凡事不要太执着、太较真，它也是为人处世的豁达大度，是一种真正意义上的“拿得起，放得下”。

如果做到了大智若愚，难得糊涂，你定会收获一种前所未有的达观和从容，从而进入人生的佳境。

有一种宽容叫不较真

必有容，德乃大；必有忍，事乃济。

——弘一法师

日常生活中，我们经常会看到、听到、遇到一些事情，在我们的价值体系中，它应该这样或那样，我们一味坚持自己的所谓原则，就难免与人发生争执、摩擦，有时还会使这些小事升级为武力。

其实很多问题如果不触及法律、道德，不牵涉到纯技术层面，忍让一下就小事化了，过去了。

一位哲人曾经说过："假如你有抬杠、反驳的爱好，也许你偶尔能获胜，但那是空洞的胜利，因为你永远都得不到对方的好感。"

你太较真，证明了自己的正确，但伤害了对方的自尊心。对方怎么可能对你有好感呢？你争来"一口气"，却失去了做人的"大气"，伤了和气，这不利于为自己营造良好的生存空间和有利的发展氛围。

所以，有人跟你争，与你较劲，你就让他赢。记住：永远要避免与人争论，因为任何人的思想不会因争论而改变，越争论，对方十之八九会比以前更加相信自己是绝对正确的。所以与人很较真地争论，有百害而无一利，实在不是聪明之举。

相传孔子带众弟子东游列国，走了很长一段时间后，又累又饿，看到一个酒店，就让一弟子去向老板要点吃的。

弟子走进酒店，恭恭敬敬地对老板说："您好，我是孔子的弟子，我们路过此地，都饿了，您能给我们点吃的吗？"

老板闻听是大学问家孔子的弟子，就想考考他的学问，看看是否名副其实。就说："我给你写个字，你如果认得，我就给你们吃的。"

弟子踌躇满志，心想：我虽然不及老师饱读诗书，但认字这么简单的事还是难不倒我的。就一口答应了。

老板写了一个"真"字，弟子脱口而出，是"真"字。

老板很生气，大笑道："这么简单的字都不认得，还冒充孔子弟子？"说完，就让伙计把他赶了出来。

孔子看垂头丧气的弟子那模样，还两手空空，就知道弟子吃了闭门羹。弟子一五一十说出了此行的经过。

孔子听后笑笑，就带着众弟子到了酒店。老板还是写了那个"真"字，孔子也是脱口而出，但是他说出口的是"直八"。这让弟子们面面相觑，但是老板却乐起来了，说："你果然是孔丘，你们随便吃。"

在路上，孔子看着不服的弟子们，就平静地说："凡事认不得'真'，如果你非要认'真'，怎么能不碰壁呢？你们要多学学处世之道啊！"

历史上孔子是否有这档子事，我们不做论证，但是他"不较真"的处世之道却是很值得我们今天学习的。因为很多事情，较真起来，即便得到了真知、真相，你也失去了很多。而不较真，反而可能得到更多，甚至是你的性命。下面这则故事就很能说明这个问题。

一个小和尚在山下挑水，一个人忽然走进他，要问他一个问题。

小和尚虽然觉得这人很唐突，且面不善，但还是答应了他。

那人问："一年有几季？"

小和尚觉得这个问题人尽皆知，就说："一年有四季，春夏秋冬，一季有三个月。"他自认为答得全面。谁知，话声刚落，就遭那人抢白："一年有三季，一季四个月。"

那人为此争得脸红脖子粗，就说："咱们去问你师父，如果你师父说有四季，我就给你磕头，如果你师父说有三季，你就要给我磕头。"

小和尚自信师父肯定会说四季，就把这人带到师父那里。让他吃惊的是，师父竟然说了三季。因为有言在先，小和尚不能食言，只好给那人下跪磕头。

看着那人扬扬得意下山的样子，小和尚很是生气，就马上收拾行李，没有告别师父，就下山了。师父对其他弟子说："不要着急，他想去就去吧，说不定，过几天，他自己就会回来。"

几天后，小和尚在闹市中一眼就看到了那人。原来那人正与另一人在打架，打架的原因还是一年有三季的问题。那人出手很重，没多久，就闹出人命来，最后旁人报官，他被抓走。

小和尚这才体会到师父的良苦用心，就回到了山上继续修行，并向师父认错。

师父当时没有向小和尚解释的是：很多时候，与人争辩是无意义的，是无聊的。如果当时说四季，让那人给小和尚下跪磕头，他必然会怀恨于心，伺机找小和尚报复。所以他的“不较真”其实是保护了小和尚，不然小和尚也是闹市中被打出血之人的下场。

生活中因为较真而发生口角的事比比皆是：

老师会发现上课低头画画的学生，而且那幅画极有可能是龇牙咧嘴的自己。如果生气，较真起来，非要惩罚学生，或者叫家长，或者当众羞辱他，这样不仅不能起到教育学生的目的，说不定一个很有天赋的漫画家就会扼杀在自己手里。

两个大学生因为点评同一首歌曲有了分歧，竟然大骂起来。一人最后竟然拿水果刀捅死了对方。一个青春的生命就这样没有价值地消失了，而另一个同样青春激扬的青年从此就在监狱里度过了下半生。

可怜天下父母心，两个家庭为培养他们成大学生付出了多少艰辛和汗水，他们却要接受痛失爱子或儿子成阶下囚的现实。

所以，美好生活、和谐社会需要宽容，需要不较真的精神。遇事不争一时之短长，一事之对错，多一点包容与退让，自然就不会出现不可调和的矛盾。

宽容和不较真是一个人精神的成熟和心灵的丰盈，它可以化解人世间的恩恩怨怨。宽容也并非仅仅是原谅，宽容更是一种智慧和勇敢者的体现，它能让人重新找回自己，收获快乐，收获成功，增添欢乐和温馨。

有一种风度叫宽容

何以息谤？曰：无辩。何以止怨？曰：不争。

——弘一法师

中国有一句俗语叫“家和万事兴”，其实，不仅“家”和万事兴，“人”和万事也兴，只要“和”就会“兴”。

在我们与人相处时总会发现，有的人遇事总要明察秋毫，一副不搞得清清楚楚、明明白白，不弄个是非曲直绝不罢休的架势，这种认真的态度原是好的，但是凡事过于认真，就是较真了。

这种较真的人做人做事大多都很死板、认死理，这样很容易钻进牛角，走进死胡同，给自己带来很多不必要的烦恼和精神上的负担。这样的人怎么能不喊累呢？

老子说过：善者不辩，辩者不善。意思是好辩论、好口舌斗争的人，不是真正的善者。因为善良而有能力的人不需要去与别人辩论什么，不会只用言论去证明自己是正确的。

《庄子》中记载有一则老子不与人反驳的故事，相信大家看后会很受益。

一个人去拜访老子，到了老子家中，看到室内凌乱不堪，就感到吃惊。

他想不到这么有思想的智者竟然把家里弄成这样，就大骂一声扬长而去。

第二天，他又回来向老子道歉。老子淡然地说："你好像很在意智者的概念，其实对我而言，这没有任何意义。昨天，你如果骂我是马或是什么我也会承认的。因为别人既然这么认为，就一定有他的根据和原因。如果我反驳顶撞回去，他一定会骂得更凶。这就是我从来不反驳别人、不与人争的原因。"

从这个故事里，我们不仅看到一位智者对事物独到的看法和处理事物的方法，还看到他的涵养、风度、不较真和淡定宽阔的胸怀。

其实，细细想来，真正聪明又有能力的人从来不需要去与别人辩论、较真，不会只用言论去证明自己是正确的。

孔子在《论语·里仁》中说："君子欲讷于言而敏于行。"在《论语·学而》中又说："君子食无求饱，居无求安，敏于事而慎于言。"他提倡的"在人生中应该少说多做"，与老子的主张其实是完全一致的。因为即使你面对诽谤或遭遇人身攻击，你也只能用行动来证明自己的无辜和清白。

忍辱不辩、不争的人往往都是在埋头做事，他必定有一颗与世无争的宽容之心。与此相反，那些天天与别人辩论、较真的人并不是真正有能力的人，尽管他们想通过争论表现自己的能力。空谈、无意义的较真而没有实际行动的人最终将一事无成。

佛经里记载有佛陀释迦牟尼的一个故事，可堪与上述老子、孔子的思想媲美。

有一次，一个婆罗门高僧来佛陀修行处竹林精舍对其大声辱骂，非常无礼，但是佛陀始终保持沉默，微笑不语。

事后，一弟子不解，就问佛陀：“刚才有人骂您，您为什么只是微笑不语呢？”

佛陀没有直接回答，只是反问弟子：“如果有人送礼物给你，而你不愿接受，那么这些礼物属于谁？

弟子说：“属于送礼人。”

佛说：“是啊！如果有人谩骂你，你保持沉默，不加反驳，那么这些骂人的话无疑就由骂人者自行收回，它就不会伤害到你。”

所以，在为人处世中，我们如果能像老子那样虚心接受，还能保持毫不在意、不较真的态度和风度；能像佛祖那样有宽容的方法和思维，不再持有非黑即白、不对即错的价值观，那么我们就会仁者无敌。

下面我们再看一位禅师的风度故事。

一位禅师酷爱兰花，在寺院里种植了很多兰花，还搭建了兰花架。他被人笑称为“兰痴”。一天，他要外出讲道，就把自己心爱的兰花托付给了众弟子。

众弟子谨遵师命，不敢丝毫怠慢兰花。但是越精心照料，越容易出岔子。一弟子不小心，撞倒了兰花架，所有的兰花盆都摔倒在地，兰花也散落一地。

他们都做好了向禅师赔罪领罚的准备。谁知，讲道回来的禅师非但没有责怪众弟子，也没有过多哀伤那一架子上的兰花，而是说道：“我虽然喜欢兰花，但当时养兰花不是为了生气。”

兰花品性高洁、清雅，这位禅师的气度也同样清雅高洁。

人有了宽容的气度，就没有了凡事较真的种种挂碍，自然就能保持内心的真正清静，看到美丽的风景，从而事事如意，不论到哪里，做什么事都能感知这个世间的美好。

有一种优雅叫妥协

涵容以待人，恬淡以处世。

——弘一法师

哲学上讲：世界是普遍联系的。联系是事物内部、事物与事物之间的相互影响、相互制约的关系。

事物之间的联系既有普遍性，又有客观性。普遍性是指，世界上的一切事物都处于相互联系之中，不存在孤立的、不与周围事物相联系的事物，即整个世界就是一个普遍联系的有机整体。客观性是指，联系是事物本身所固有的、不以人的意志为转移的客观现象。

社会学上也讲过：人与人之间都是相互依存的，不可能彼此彻底地隔绝。山不转水转，水不转人转。讨厌、怨恨、仇恨别人，想一辈子老死不相往来，也许你努力想割断的恰是维系你成长壮大的根本所在。

一个中国妇人跟随儿女来到美国，她在美国开了一个水果店。

她店里的水果每天都很新鲜，价格也公道，因此方圆几里就属她的生意最红火。这激起了其他水果店的嫉妒和不满，他们就经常把垃圾有意无意地扫到这个妇人店门口。

垃圾堆得多了，这才引起妇人的注意。妇人只是一笑了之。

她每次都是先把垃圾扫到角落里堆起来，然后再倒进垃圾箱里。这样门口还是干干净净地迎接着来来往往的顾客。

她的邻居是一个白人主妇。她观察中国妇人很久了，就忍不住为她打抱不平："这么多别人的垃圾放到你门口，你为什么不生气呢？"

中国妇人笑笑说："在我家乡，垃圾代表着财富。逢年过节的时候，大家都会往家里扫垃圾，这预示着来年会赚更多的钱。现在每天有人来给我送垃圾，送财运，我怎么舍得拒绝，怎么会生气呢？"

大嘴巴的白人主妇就把中国妇人的话传给各个小摊贩。从此后，再也没有垃圾被"送"到她的门口。

中国妇人还有一点没有言说的是：在中国，做生意讲究和气生财，做人讲究大度。凡事只有少一些计较，多一点忍让，才能为自己创造和善的环境。这何尝不是一种妥协呢?

世界本来就不完美，我们要学会适应，学会妥协。妥协不是懦弱、任人欺负，而是宽容、忍让、退守，也是一条使心灵变成熟的路径，是一种境界、一种智慧，更是一种做人的优雅。

男人和女人在别人眼里是天造地设的一对。男的英俊潇洒，女的貌美多才。但男人个性自负好强，十足的大男人主义，女人则是个高傲的小公主。

在柴米油盐、锅碗瓢盆的琐碎和磕磕碰碰中，两人竟然为一些鸡毛蒜皮争吵不休。每次吵完架，双方就陷入冷战，几天互不理睬。

有一次，他们为谁洗碗的事又吵起来了。女的振振有词：“我要上网查点资料，明天要交个文案。”他一口回绝，说：“足球赛就要开始了。”

两人谁也不让谁，最后决定石头剪刀布，结果女人输了。但是女人心里莫名的火就上来了，说：“我是为了工作，我今天偏就不洗了。”说完就狠狠地摔门而出。

夜晚很冷，路灯有些暗，行人也很少。女人有些害怕，想回家，但又不甘心。男人也没有打电话来，她心凉到极点。一气之下，就折回了父母那里。

她向母亲诉说了原委。母亲就耐心地给她说：“我与你爸爸结婚几十年了，我们基本上从没有红过脸，你知道秘诀是什么吗？”

女人好奇地问，母亲就说开了。母亲说：“从结婚那天起，我就告诉自己，为了婚姻幸福，我要原谅男人10件事。每次我气得直跺脚的时候，我就告诉自己，算他运气好吧，他犯的可是我要原谅的10件事之一。这样想着，我就不生气了。我对你爸爸妥协了，宽容了，你爸爸回报给我的就是一个美满幸福的家，我此生别无所求。”

母亲娓娓说完，就劝她：“回去吧，夫妻没有隔夜仇。夫妻之间要学会相互忍让。在外，你能原谅那么多人，甚至是一个冒犯自己的陌生人，为什么就不能原谅与自己一生相依的男人呢？”

在母亲的一再劝说下，她的气终于消了，她回了家。

她看到饭桌上一片狼藉，男人蜷在沙发上睡着了。她赶紧从卧室拿来被子给他盖上。

就在盖上的瞬间，男人醒了。他一把抓住她的手，给她道歉。她的心一下子就软了，在她还想再说点什么的时候，她迎上了他深情的双眸和炽热的双唇。

以后的日子，还会有磕磕碰碰。但她总是告诫自己，要像母亲那样，她也打算包容男人 10 件事。果然，男人的好强自负收敛了许多，两人都变得大度起来，幸福也开始柳暗花明、峰回路转。

现实生活中处处都是妥协：树向阳光妥协；溪水向山石妥协；云向风妥协；风向墙妥协；人向大自然妥协；向体制、制度、贫穷、无奈等各种现实妥协；遇事不较真是对生活妥协。宽容有时也是一种妥协，再给别人一次机会就是再给自己一次机会。

我们常说要怀着必胜的勇气，做最坏的打算，其实这也是自己的心情与能力的妥协，抑或是能力与命运的妥协。人生可说是一个不断妥协的过程。

人可以扼住命运的咽喉，但不能无视别人的存在。唯有妥协，才能制止恩怨相报对我们寿辰与精力的耗空；唯有妥协，才能让世界变得丰富而有趣，使生活变得和谐而又充满欢乐。

与自己较量，但不要较真

静坐常思己过。

——弘一法师

俗话说：“货比货得扔，人比人得死。”从我们上小学起，每当考试过后，拿着成绩单回家，等待我们的是什么呢？不同父母就会有不同的态度。

同样的86分，有的父母会说：“考得不错，继续努力。”有的父母会说：“你才考86分，班里最高分是100分，你还有脸活着？”

其实很多孩子的成绩不理想，问题不在于学习态度，而在于缺乏自信。这时，父母就不要一味拿成绩来说事了，不如说：“你就自己和自己比，只要一次比一次提高，爸爸妈妈就高兴。”这样孩子才会不因自己成绩没有别人好而心生怯意，灰心丧气，就会心无旁骛，只想着一点点提高了。学习兴趣也会越来越浓，成绩也会渐渐有起色。

但是这样开明的父母还是少见的，所以长大的我们还是动不动就要与别人比，而且几乎无所不比。上学时比成绩，工作后比结果、比能力、比地位、比职称、比权势、比财富甚至比老婆、比老公、比孩子等。

结果呢，无非有两种：一种是自己被比下去了，于是闷闷不乐，有的甚至燃起嫉恨之火，进而对自己提出苛刻的要求。这就是自寻烦恼了。另一种是自己在别人之上。这时，我们可能会得意、愉悦，甚至会骄傲起来。不管哪种，我们都会变得不再有未比之前的那种平静，很多人都是在与人比较中，慢慢丢失了自己。

一次，小慧与同事一块去商场买衣服。她们两个同时看上了一条裙子，但是试穿后，小慧总觉得没有同事穿上好看。这被眼尖的售货员发现了，售货员就对小慧说："你为什么要比你们两个谁穿上更好看呢？你应该给自己比，应该考虑的是你穿上哪一件更好看，哪一件更适合你呀。"

售货员一句充满哲理意味的促销话，让小慧茅塞顿开，她以后常用这话来警示自己。

我们不快乐，往往不是因为自己拥有的不够好，而是因为我们过多地与别人相比较，比掉了自信，比没了好心情。

为什么不和自己比呢？为什么不和自己较量呢？只要自己尽了自己最大的努力，只要自己与自己比有进步，就应该给自己喝彩，即便所做的一切还不够完美。

我们从来不缺少幸福，只是因为与人比较过多，失去了感悟和享受幸福的能力；太在乎别人的看法，而忽略自己的内心感受，渐渐没有了自己的思想。所以，不快乐，不幸福。

范仲淹说："不以物喜，不以己悲。"如果总喜欢跟人比较，这种境界就很难达到。

《世说新语》中有一则故事，说东晋重臣桓温年轻时与殷浩齐名，他常常有竞争之心。有一次，他问殷浩："咱俩相比，如何？"殷浩回答说："我和自己打交道已经很久了，宁愿做我。”元代学者黄元瑜用殷浩的答语来命名他的亭子，叫做“我我亭”。

可见，古人早已懂得把目光由外在事物转向自己的内心世界，即自我。

台湾知名画家蒋勋先生有一次问一位学植物学的朋友：“如果含笑花的香味和百合的一样，会怎样？”那位朋友告诉他：“那它就会被淘汰。因为它没有找到自己存在的理由。”

人与花一样，要想有声有色地活在这个世界上，就不能盲目地跟人比较。跟自己比，跟自己较量，才是找对“对手”了。毕竟守住自我，才是正道。

成长是一辈子的事情。我们每个人在不同时期的思想、行为等会有差别。十年前的你和十年后的你，五年前的你和现在的你，去年的你和今年的你，刚才的你和现在的你……你可能进步了或倒退了，可能变成熟了或一点都没变，还是当初天真幼稚的你，可能懂得宽容了或更加狭隘了，可能宠辱不惊了或更加浮躁了……

所以，在与自己较量的成长过程中，我们不能总是一味地求前进，不能时时处处要求自己有长进，这样就是与自己较真了，必要时也要学会停下来，给自己一个反思的成长缓冲。

想想自己的以前和现在，即让“旧我”和“新我”比一比，如果现在的“新我”确实比以前有了进步，那么就沿着进步的路，踏踏实实地继续走下去；如果退步了，就要反省、总结教训，克服缺点，超越缺陷，这才是真正的勇者。

所以，人生是一场和自己较量但绝不较真的比赛，不知道终点，只知道奋力向前，才能无往而不胜。

有理不妨让三分

事当快意处须转，言到快意处须住。

——弘一法师

俗话说：有理走遍天下，无理寸步难行。这说明“理”的重要性，只有得理才能得到别人的认同。但是有理也要有“礼”，也要得饶人处且饶人，这才是宽厚待人的表现。

一味抓住别人的闪失或者过错不放，吃亏的还是自己。有一则寓言故事就很能说明这个问题。

大象在森林里漫步，不小心踩踏了老鼠的家。他很惭愧地向老鼠道歉，但是老鼠却对此事一直耿耿于怀，想报复一下大象。

于是，老鼠就趁大象熟睡的时候，想咬一下大象。但是大象皮厚，老鼠无处下嘴。老鼠急得团团转，只好钻进大象的鼻子里，狠狠地咬了一口大象的鼻腔黏膜。

被咬鼻子的大象猛烈地打了一个喷嚏，这一个喷嚏把老鼠射出几丈远，险些摔死。

这是老鼠的惨痛教训，生活中类似老鼠举动的人也有很多。拥挤的公交车上经常会发生人踩人脚、人推搡人的事。请看下面这则故事。

小雅是挤公交一族。她等了三辆车，都没能上去，所以当第四辆车来的时候，她毫不迟疑地加入了“挤油”大军。

刚上车，还没站稳，急匆匆的司机师傅就开动了，小雅被一男士重重地踩了一脚。

一般人遇到这种事，至少都会抱怨几句，说“你站稳点”“你扶好栏杆”之类的带有抱怨意味的话，但是小雅没生气，她虽然也心疼自己新买的靴子，但是想着车上这么拥挤，被人踩脚是常有的事，别人也是无心的，就主动对那人说：“没关系，真的没关系。”

过了几站地，小雅不小心踩住了一男的脚。那男的张嘴就大骂起来，还将唾沫吐在了小雅精致的妆容上。小雅不想多事，就急忙下车。谁知那男竟然也跟着下车了，对小雅不依不饶起来。愤怒至极的小雅就掏出了几张百元大钞，扬言，谁揍这个男的，钱就归谁。很快这个男的就被狠狠地修理了一番。

这个脾气有点急躁的司机开着车，一路狂奔到一有坑的街道，因为刹车过猛，致使两名男乘客差点栽倒，两人就大骂起司机师傅来。

司机师傅知道自己开车有点过猛，就没有还击，谁知两人越骂越生气，竟然冲上前去打了司机。司机一边开车，一边还要防卫两人，就没有看清方向，致使公交车与前面一大卡车重重相撞，导致多名乘客受伤。因为后果严重，两名肇事者都被追究了刑事责任。

生活中有些人就是这样，本来是一件很小的事情，却偏得理不让人，情绪冲动，小肚鸡肠，从而为自己酿造苦酒。而有些人即使真理在握，得理也让三分。

智远大师一日在山间行走，被一山野樵夫狠狠撞了一下，不仅眼镜摔碎了，眼睛周围也起了淤青。

智远大师正疼痛难忍揉眼睛时，樵夫还狠狠地骂了一句："和尚，你怎么走路的？没长眼睛啊？和尚还戴什么眼镜？"

智远大师拱了拱手，笑笑走了。这下轮到樵夫傻眼了，他摸着脑袋，叫住了和尚。他问："和尚，你怎么不生气呀？"

大师说："我生气有什么用？我破碎的眼镜也不会恢复原状，我眼睛的淤青也不会消失。如果我打你骂你，不但不能把事情化解，还会带来更多的恶缘。我如果早一分钟或晚一分钟出来，你就不会撞住我了。或许这一撞正好化解了我的一段恶缘。"

听了这话，樵夫惭愧地低下了头。他告诉自己，以后再也不能这样鲁莽和口不择言了。

后来，他回家后，看见自己老婆和一男人在卧室谈笑，他恨不得杀了他们，于是就去厨房拿了把菜刀，等他破门而入的时候，那男人惊慌得眼镜掉了下来。他马上想到了智远大师，于是他丢落手中的菜刀，头脑也冷静下来。

之后，他就与老婆平静地离婚了。他没有昭告天下老婆的不忠，因为昭告了，也挽不回他破碎的婚姻，说不定还有一段良缘在前方等着自己。

他感谢智远大师的教诲，否则杀人偿命，他的命就没了，何谈有好的良缘呢？

生活中的很多冲突都是因为得理不让人而起的，这时较真就会成为恶的导火索，小事大闹，越闹越大，最后闹得不可收拾。这时我们要学学“难得糊涂”的不较真心态，得理让三分，用宽容之心待人。

有哲人说：人不讲理，是一个缺点；人硬讲理，是一个盲点。得理饶人、态度和善更能说服和改变他人。留一点余地给得罪自己的人，我们自己也多了一点轻松的空间，多了一些自由的选择，这样不仅不吃亏，还得到了意想不到的惊喜和感动。所以，何乐而不为呢？这也是一种做人的境界，这样人生就会少一点风雨，多一点温暖和阳光。

第四章
不抱怨：
暮色苍茫看劲松，乱云飞渡仍从容

抱怨给你带来的除了烦恼还是烦恼

没有一成不变，抱怨不如接受

抱怨太多，只会被人看轻

抱怨无用，改变自己才是真理

认清自己，找好自己的位置

恭谨谦卑是人生大智慧

……

抱怨给你带来的除了烦恼还是烦恼

一念疏忽是错起头，一念决裂是错到底。

——弘一法师

现在社会节奏快，竞争激烈，诱惑多，人生活压力大，每天都有很多人陷入烦恼。有些人选择借酒浇愁，有些人选择找人大吐苦水。他们不停地咒骂着让自己不爽的人和事，他们觉得自己活在“阴暗”中，其实那“阴暗”正是自己的影子。

有一则古老的寓言，说不定可以给我们一些豁然开朗的启示。

一农夫划船正打算给邻村朋友送东西。

天气炎热，他汗流浃背。他心急火燎地划着，希望赶在天黑之前能回到家。

突然，他发现对面有一只小船正朝自己驶来。眼看两船要撞上了，那只船却丝毫没有一点避让的意思，这让农夫很生气，他觉得那只船是故意撞向自己，就暴怒起来。

他在船上大声地怒斥着那船主人，种种脏话从他嘴里冒出，他还不解气，就开始摔东西。但等那船靠近时，他才发现，那不过是一叶顺河漂流的空船而已。

我们在抱怨、怒吼别人的时候，可曾想过真正的事实是什么，可能仅仅只是自己虚构出来的人和事而已，就像那空船一样。

退一步说，就算真有让人生气的其人其事，对方也不会因为你的抱怨和歇斯底里而改变自己，从而与你达成一致，或者有什么损失。他不会因为你伤心难过而失眠。如果你因此整夜难眠，或者背负几年才忘却，那就是拿别人的错误来惩罚自己。这时，你就真成了受害的人。

大街上，一三口之家正在乞讨。兴许是现在讨钱的骗子太多，人们都怕上当的缘故，他们乞讨了整整一天，也一无所获。父母眼看着要饿晕的儿子，难过得想卧轨的心都有。

就在这时，一个天使出现了。他对三人说："我可以帮助你们每个人实现一个愿望。"

这家人虽然半信半疑，但妈妈还是忍不住先开口了："我想要一整车面包，这样我的儿子就可以吃得饱饱的了。"刚说完，他们眼前果真出现了一车的面包。

父亲看后，大骂女人："你真没脑子，我们要这些廉价的面包有什么用，请将这笨女人变成一头蠢猪。"话毕，女人真的变成了一头猪，先前的面包瞬间消失不见。

孩子看着变成猪的妈妈吓坏了，他伤心地哭了起来，说："我要妈妈，我不要猪。"话音刚落，妈妈就变回来了。

天使无奈地对他们说："我已经给过你们 3 个机会了，你们因为抱怨，白白把这 3 个机会都浪费掉了。"

说完，天使就闪人了，一家三口重新处于饥饿中。

一家三口街头行乞，生活中定是发生了莫大的不幸和打击，这足以使人抱怨上天的不公，这位父亲把抱怨的戾气酣畅淋漓地、赤裸裸地发泄在了老婆身上，足以让我们想象他是活在怎样抱怨连天的世界中，而且这样的男人施怨对象恐怕就只能是自己的老婆和孩子了。

对可怜的人我们会哀其不幸，但是也会怒其不争。遇事只会一味地抱怨，只能是一种负面情绪的宣泄，对改变自己的处境没有丝毫益处。抱怨越多，越是会沉浸在抱怨所带来的负面情绪中，让自己失去冷静和理性，一如上面故事中的父亲。作为一家之主的他不能说出最有利或者最适宜的愿望，失去实现自己愿望的机会就不足为奇了。

心理学家认为：人每抱怨一次，刚开始得到的可能是内心的发泄快感，但随着抱怨次数的增加，随着现状依然不尽如人意，人内心的痛苦势必也在增加。这样抱怨就如放大镜，只会放大原来的困难和烦恼；抱怨也如滚雪球，只会将困难和烦恼越滚越多。

所以，遇到不如意时，与其一味抱怨，不如换个角度，或者用实际行动加以解决，千万不要一味哭泣，一味抱怨，一味愤怒，而要积极想着如何去解决。

一个人刚走到一颗椰子树下，就被椰子砸住了脑袋。

原来树上有一只调皮的猴子正在摘椰子，许是它没有抱稳椰子，或者纯粹就是故意使坏，故意丢椰子打那人的头。

那人摸着肿起来的额头，没有大骂恶作剧的猴子，而是把椰子从地上捡起来，喝了椰子汁，吃了果肉，最后还废物利用，用椰子外壳做了个碗。

这个人的做法颇值得我们效仿。他并没有对顽劣的猴子生气，因为他知道他就算用尽全力也未必能捉住猴子，所以倒不如享受猴子的“恩赐”。他从中得到了益处，不也是另一种收获吗？所以，比起抱怨、嫉恨别人，处处结对手，这种方法无疑是最明智的。

所以，收起你的抱怨，不要让抱怨蒙蔽我们本该清明的大脑，不要让抱怨的习气缠绕自己，可以敞开心扉，可以适当倾诉，但应适可而止，否则抱怨带来的只会是越来越多的烦恼，到那时，你的内心只会越来越阴郁，而不会越来越澄明。

没有一成不变，抱怨不如接受

若失本心，即当忏悔，忏悔之法，是为清凉。

——《金刚三昧经》

不管我们承认否，“变化是唯一的不变”，这是生活的真谛。因为即使你不接受变化，事实也不会因你的意愿而改变。一定意义上说，也正是这些变化成就着你的成长和成熟。

一个失去了丈夫的女人，整天对朋友抱怨老天的不公、自己的不幸。刚开始还有热心朋友认真听她倾诉，慢慢地，都找各种借口远离了她。因为他们实在不愿意再面对那个“祥林嫂”了。她又开始抱怨朋友们的远离和狠心。

她的内心太孤独了，她把自己封闭在与丈夫共度的小巢里。她更加闭塞，她的表情僵硬，没有一丝笑容，性格也变得怪异起来。

有一天，她觉得自己再这样下去，就会抑郁而死，于是，就走出了家门。

她漫无目的地走着，直到一个漂亮的花园吸引住了她。在那里，她看见了很多自己喜欢的花，那干干净净的地面也让她的心舒展了许多。

这时，一个穿着围裙、身材矮小的女人给她打了招呼，她这才知道这是她的邻居。他们搬来有几年了，自己都没有登门拜访过，连说话都很少。

那女人邀请她进了花园，两人就闲谈起来。闲谈中，她才得知那女人是个离婚女人，独自带着10岁的儿子。她不想过多谈论那女人的伤心事，就转换了话题。

她说："我恍惚记得，之前花园很大的，现在好像变小了。"

那女人说："这条路被公家拓宽了，占用了我们花园的一部分，所以就变小了。变化是生活的一部分，也能铸造人的心性。无论你喜欢与否，它就那么发生了，它从来不会因为你而改变什么，我们只能选择接受。痛苦、愤怒的结果，只能是不断地重复自身的痛苦，久而久之，伤痛和抱怨就成为我们生活的一部分了。所以，还不如振奋精神，用微笑与努力掩埋痛苦和愤怒，这样它就再也不会影响到你了。"

听到此，她多年由抱怨和愤怒建筑起来的坚硬心墙轰然倒塌。她不再自闭，不再与朋友们抱怨过去的种种，朋友们也试着重新接受她了。

世界总是变化的，外部环境随时都在变，人生也充满诸多变化，我们不可能要求世界来适应我们。我们习惯了熟悉的环境、固有的小圈圈，不敢涉足生疏的环境。周围的人和事，乃至自己身上发生了很多变化，我们就会难以忍受，滋生很多抱怨，郁郁寡欢起来。其实，在天灾人祸、困难挫折等各种不如意面前，我们只有学会接受，接受变化，接受不如意，适应它，才能继续生活下去，走得更远。

小菲因为女儿生来残疾而痛苦不堪，觉得女儿不幸，自己不幸，生活不幸，看不到生活中任何有趣的事，做什么都觉得索然无味，也体验不到来自生活的一点温暖。

但是某天，她觉得再这样抱怨下去自己就快崩溃了，抱怨只会让自己越来越抱怨，当她意识到抱怨的连环性危害后，就果断地闭上了自己的嘴巴，开始采取行动。

她给孩子报了康复班。在那里，她交了很多朋友。这些朋友给她的关心让她感觉很温暖。另外，社会上很多素不相识的人也真诚无私地给了她祝福。

这些都让她很感动，她说："当我不再抱怨，接受了女儿残疾的事实后，我就果断地采取了积极的行动。我改变了自己的心态，走了出去，我就体验到了这种人世间的温情，由此内心也得到了宽慰和久违的平静。"

是的，人对变化感到恐惧，难以适应甚至痛苦不堪，这是很自然的反应，比如，当你要改变自己，由校园人向社会人转变时，你要试着给人打招呼，主动亲近陌生的不同脾性的同事，还有变幻莫测的各种类型的领导，你会觉得很有压力；你以前没有向爱人表达过你的爱意，说出你内心最真实的想法，你要踏出表达的第一步，你会觉得难以启齿；你要由爱抱怨转为不抱怨，你要学着闭口，你会很憋屈；甚至可能是换一种新发型、新衣服这么细小的琐事，你都会觉得不好意思见人；这些生活中的诸多变化，都会让你有时不知所措，惶然不安，疲于应对。

变化在佛教中的专业词语是变数。关于变数，佛家给出的建议是：接纳。你是你自己，所以接纳自己，接纳变化，接纳生活。别人是别人，别人飞黄腾达，是因为幸运也好，努力也罢，我们都不必羡慕，更不必嫉妒。佛说："违顺相争，是为心病。"只有根据变化，不断调整自己的内心，然后采取积极的行动，才能真正理解生活。

刮风下雨，是天时的变化；春耕秋收，是自然的变化；悲欢离合，是有情众生的造化，只有顺时地接受这些变化，人才能真正成长、成熟，走向圆满。

可以说，成长就是一个充满变化的人生旅程，而变化则是从一个地方到另一地方的交通工具。这趟人生旅途可能不总是很舒适的，但是这并不意味你要因为这些不舒适而中途下车。因为人生是单行线，只能无悔，无回。

所以，在变化面前，抱怨不如接受，且尽量要从容地、心甘情愿地接受，这样才能体会到更多变化所带来的珍贵馈赠，也能感受到这变化带来的诸多精彩。

抱怨太多，只会被人看轻

识不足则多虑，威不足则多怒，信不足则多言。

——弘一法师

没有人喜欢抱怨，但是生而为人，总有些不如意。当不顺心的事发生了，人就会生气、抱怨。每个人习气不同，有些人脾气火爆，一点就着；有些人表面上没什么，但实际上憋了一肚子闷气。这心头如果火不以某种方式浇灭的话，就会化为无尽的抱怨，不仅于事无补，最后还会烧伤自己，徒留笑柄。

大雄宝殿上的佛像甚是庄严肃穆、宏大，吸引了众多香客的顶礼膜拜，而宝殿外的一块普通石地板却日日遭受人来人往的践踏。

一日，当佛陀经过的时候，他终于爆发了自己的不满。他说："佛祖啊，你太不公平了，太偏心了，我和佛像那块石头同出自一座深山，资质材料也相同，为什么他现在高高在上，享受万人的朝拜和供奉，而我却日日遭受万人的凌辱践踏，受尽风吹雨淋日晒呢？"

佛陀略一沉思，微笑道："当初我派一个精于雕刻的罗汉幻化成一个雕刻师去那座深山，他第一个选中的是你，但是他只是‘嚓嚓’几下子，把你凿成方方正正的，你就叫苦不迭，你忍受不了千锤百炼的雕琢之苦，最后只能是铺路石的命运啊。”

“而佛像那块石头呢，刚开始也是喊痛，但是他想着自己能被选做来雕刻佛像，内心就感激不已，所以任凭雕刻师刀琢斧削，他都默默地坚忍承受。他忍受了三年，才成为今天的佛像，成功确是来自一刀一锉的雕琢啊。”

“不经细细的雕琢，你将永远都是一块不起眼的石头，还是忍忍吧。”这是雕刻师对那块石头的劝说，但是他没能忍住。所以，两块石头出山前历练不同，今天的际遇自会截然不同了。

每个人下的功夫不同，付出的努力不同，所经历的磨难不同，结果自然不同。所以抱怨再多都没用，只会烙下被人看轻的印象。

一个年轻人，自以为才高八斗，是个难得的全才，但是他毕业多年了，始终没找到他理想的工作，遂开始自怨自艾，对社会感到绝望。

多年的碰壁经历，让他再也没有刚毕业时的激情和乐观，他痛苦至极，就来到海边，想在此了结自己的生命。但是他遇到一个附近的老人，老人救了他。

老人问他轻生原因，他说：“我不能适应这个社会，得不到别人和社会的认可，没人欣赏和重用……”

老人听了，没有言语，只是从沙滩上捡起一粒沙子，让他看了看，然后就随便扔了，并让他去把它找出来。年轻人说这根本不可能找到呀。

老人旋即又从口袋里掏出一颗珍珠，也是随便扔在地上，并要他去找。这下，他很轻易就找到了。

年轻人不解，老人就开腔了：“你现在还不是一颗珍珠，所以不能苛求别人立即认可你。要想让别人重用你，你要先让自己变成一颗可以找得见的珍珠才行，抱怨、悲观、消极、轻生都没多大意义。”

在人生的早期，我们很可能就只是一块普通的石头、一粒普通的沙粒，要想卓尔不群，就要有鹤立鸡群的资本。而这资本就需要通过努力学习，才能提升自己的价值。这需要一个艰难的过程，这过程就像一粒沙子钻进蚌的体内，周身会被蚌分泌出的白色黏液严严实实裹得透不过气来。经受住了沧海桑田的痛苦磨炼，就能变成美丽的珍珠。这过程也像我们要经过长长的黑暗隧道，坚守住了，我们就能守得云开见月明。忍受住了各种打击和挫折，承受住了忽视和平淡，离达成目标和成功就指日可待了。

沙粒与珍珠相差的其实也就只是那么短短的一段过程和经历，但价值却天壤之别。普通人与成功的人差的也是这么一段过程和经历。

所以，当各种不如意、不公平裹挟而来时，别害怕，别抱怨，要学那些坚强的石头和沙子，勇敢地接受痛苦，相信自己一定能变成美丽的珍珠。

一个人很不幸，从他记事起，他就知道他的母亲是个疯子，长年累月，他的母亲就被父亲锁在小黑屋里，只在吃饭的时候，他才能看见疯癫的母亲。他还有个得小儿麻痹症的弟弟，每次父亲去外面打零工的时候，他就要承担起照顾母亲和弟弟的重任。

父亲一次接了工地上的活，不小心从缆车上摔了下来，自此后，父亲就再也没能站立起来。他没人可以依靠，只好学会谋生，好养活家人。

在打工期间，他的左手被机器无情地夺去，但是他从没丧失过自己的信心和生活的勇气。后来，他拿出所有积蓄与人合开了一个家政公司，但是钱财被无良的合伙人全部卷走。

接二连三的打击终于使他瘫倒在床。恍惚中，他来到了地狱，见到了传说中的阎王。他愤怒地责问阎王："我从小到大，一直在遭受不幸，为什么你对我这么不公呢？现在竟然还要索我的命？"

阎王怒目而视："你的确很悲惨，但为什么还要活下去呢？"

听完这话，他更加怒不可遏："我从小经历了这么多不幸的事，我还有什么可害怕的呢？我要活，总有一天，我会让家人过上幸福的生活。"

阎王听后，宽慰地笑了："你不属于这里，去你该去的地方吧。"说完，男人就苏醒过来。

世间没有绝对的公平，有人一帆风顺，有人磨难重重，但相同的是我们都有生命可以去奋斗，去争取。只有把心态调整好了，不再牢骚满腹，去踏踏实实、认认真真地做该做的事，去慢慢修正自身个性上的弱点和行为上的偏差，世界也才会公平。

抱怨无用，改变自己才是真理

时当喧杂，则平日所记忆者皆漫然忘去；

境在清宁，则夙昔所遗忘者又恍尔现前。

可见静躁稍分，昏明顿异也。

吾等凡有所作所为，起念动心，佛菩萨乃至诸鬼神等，无不尽知尽见。

若时时作如是想，自不敢胡作非为。

——弘一法师

生活中总会有不如意，这才是最真实的生活。很多人都知道这个道理，但还是会抱怨连连，不是一个劲儿地抱怨自己的霉运，就是将原因归咎于不幸的童年、外部或他人，他们美其名曰是在宣泄中求得暂时的解脱。但是，得到暂时的解脱能持续多久呢？

抱怨只会让人更加抱怨，变成你与人的沟通方式，最终形成抱怨的习惯。这个坏习惯会贻害你一生。因为抱怨不仅仅是一种宣泄情感的方式，更是一种人生态度。

一个爱抱怨的弟子总是向老禅师抱怨，老禅师就让他去抓一把盐，并把盐放在一杯水中。之后让弟子喝了它。

弟子不明所以，但还是照做了。禅师问他味道如何。他皱着眉头说道："又咸又苦。"

禅师就让他把剩下的盐倒入附近的小溪里，然后要他再品尝溪水。

弟子又照做了，说："这次很新鲜，还有甘甜的味道。"

弟子不知道禅师要说明什么，就求禅师开释。

禅师慢慢说道："生命中的诸多痛苦和不满就像盐，我们之所以体验到痛苦和不满，是因为容器不同。"

所以，当我们忍不住想抱怨时，不妨先开阔自己的胸怀，看淡世事，然后再倾注全部的心思和智力在做好事情、解决问题上。一味抱怨，不仅无用，还会耗费自己的心神和生命。积极改变自己、调整自己的行为才是真理。

一个新近剃度出家的小和尚，刚开始被方丈安排撞钟的任务。

他觉得撞钟很简单，任谁都可以，于是就觉得日复一日的撞钟工作太无聊，这样什么时候自己才能在佛法上有长进呀。

这样想着，他就开始自顾自地抱怨起来，慢慢地就变成了"当一天和尚撞一天钟"。

方丈看出了他的心思，就对他说："撞钟看似简单，但是也蕴藏着佛法的无边深意。钟声不仅提示寺院里众僧的作息时间，也意在唤醒沉迷的众生。你撞的钟听似很响亮，但是空泛无力。钟声应浑厚有力、绵长悠远。你不虔诚、不敬业怎能担当起这神圣的撞钟任务呢？"

小和尚听后，就用心地撞钟了。

小和尚刚开始并没有从内心认可这份工作，所以就不断地抱怨，自然达不到方丈所要求的撞钟境界了。

所以，遇事不要一味抱怨，不如分析自己的情况，挖掘自己的潜力，让自己沉入到工作中。以这样入世的心态对待工作、待人处世，你就会发现那些让你抱怨的人和事不久就会改观。

早上九点钟，一家英语培训中心接待了一位老人。

工作人员问老人："您是给您孙子报名的吧？"

老人笑笑说："不是，我是给自己报名。"

众人都感到惊讶，就问他："看您年龄，快70岁了吧，怎么想起学英语来了？"

老人笑着说："我今年71岁了，我儿子新娶了外国夫人，她每次来看望我，我都听不懂她在说什么。我学了英语后，就能听懂她说的话，并能与她好好地交流了。"

工作人员认真地说："像您这样的年纪，如果想听懂她说的话，恐怕需要至少两年。"

老人说："我现在开始学，两年后就能听懂他们的谈话，并能与外国媳妇好好交流了。但是如果我不学，两年后仍然听不懂他们说话。"

世间的道理就是这么简单，抱怨不如改变，不如行动。老人没有抱怨，而是积极寻求改变，积极试着学习英语，那么两年后他就能听懂儿媳妇说的话了，并有望能与儿媳交流。

聪明人懂得改变自己，选择改变，什么时候都不算晚。下面这则故事更是把改变自己、马上行动推到极致。

一个大师对台下的观众挥动手里的100元大钞。他热情洋溢地说："你们谁想要啊，要的请举手。"

一时间，很多观众都举起了手。他又追了一句："你们真的想要吗？"

台下是一片"想要"的欢呼声，但是没有一个人起身离座。

过了一会儿，一个人从座位上站起来，走到大师身边，他想着大师会把大钞递给他，但是大师并没有这样做。这个大钞被另一个人抢走了。

这时，大师很兴奋地对观众说："他刚才的所作所为和你们有什么不同吗？他从座位上站起来，走到我身边，抢走了我手里的钞票，所以钞票归他了。"

一次积极的行动胜过千万次抱怨。把抱怨的时间和精力用到改变自己思维、积极行动上吧，不要让抱怨成为你前进的累赘。

认清自己，找好自己的位置

修己以清心为要，涉世以慎言为先。

——弘一法师

老子说：“知人者智，自知者明，胜人者有力，自胜者强。”孔子也说过：“知人者智，自知者明。”两位圣人都强调“自知者明”，即认清自己。这与尼采说过的“距离我们最远的人是我们自己”不谋而合。

可以想象认清自己是多么的不易。

一座深山古刹里新来了一个小和尚，他很积极主动地求见方丈。

他无比殷勤诚恳地说：“我刚到这个地方，我能先做些什么呢，请师父指教。”

方丈见他这般有礼，就微笑着说：“你先熟悉一下寺里的众僧吧。”

第二天，小和尚来见方丈，说：“众僧我昨天都见过了，下一步我做什么呢？”

方丈微微一笑说：“你肯定还有遗漏，你再去了解下，认识下。”

第三天，小和尚又来了，很有把握地说：“师父，这里所有的僧侣我都一一拜访过了。”

但是方丈仍是微微一笑，笃定地说：“肯定还有一个人，你没认识，而且这个人对你特别重要。”

小和尚挠挠头皮，就一步一步走出了方丈的禅房。不知不觉，天已经黑了，月亮出来了。他仍然一间屋一间屋、一个人一个人找着，不久，他就来到一口井边。

他忽然看到井里自己的影子。他豁然开朗，连夜去见了老方丈。

是的，世界上是有这么一个人，他离你最近也最远，与你最亲也最疏，你常常忽略，但从不曾真正忘记，这个人就是你自己。

人一生最难的就是认清自己。认不清自己，一辈子就会活得不明不白、没有方向、得过且过。有哲人说：人生第一要事就是认识自己，看清自己，这样才能懂得人生的意义。

我们很多人活得不开心、不幸福、不成功，往往就是因为看不清自己，不知道自己的能力大小，找不到自己的位置，这样何谈活得幸福、做出成就呢？

所以，花时间好好审视自己吧，这样才能对自己有一个清醒的客观认知，才能活得真实、从容和快乐。

小媛大学毕业后就想要教书，觉得与天真的孩子们为伴，是天下最幸福最开心的事。但是由于她不是师范专业，毕业后没能马上找到教师的职位，她只好继续考研，攻读教育硕士学位。

事与愿违，身为硕士的她还是没能找到教师的职位，她只好去一家公司做了秘书。她很得老板的信任和赏识，待遇也很好。但是做教师的梦想一直在她脑海里闪现。后来她屡次应聘小学教师，终于得到一所学校的OFFER。她就果敢地辞去了秘书的工作。

很多朋友都不解，她为什么要放弃高薪的秘书工作而选择做小孩王，以她的学历，教高中都没问题，她很坚定地笑笑说："我就是喜欢小孩子啊，正是因为喜欢小孩子才选择这份工作。"

过了很长一段时间，一个朋友经过她的学校，就去看她，发现她比以前胖了，就问她近况。她兴奋地说："今天我刚与小朋友一起翻绳，一班子小朋友都在为我喊加油，我才终于跳过去。"她还说了几件小朋友可爱有趣的事。

可以想象，她与小学生打成一片是多么乐开花的事。如果当初因为薪水或者其他因素而违背自己的愿望，也许就不会有今天的快乐了。

无疑，这位小学老师是了解自己的，知道什么适合自己，做什么自己才会快乐，所以她是满足的、幸福的。

有人适合做老师，有人适合游戏开发，有人适合画画，就像贝多芬是天生的音乐家一样。如果让画画的把做总统视为人生的目标，那么他一生必会痛苦不堪，受尽挫折。

赖斯是我们都认识的美国前国务卿。她完全出自真正的草根阶层，她出自受种族歧视的黑人阶层，但是凭借自己的努力一跃成为一度最有权力的女人。

但是她小时候的梦想却是成为职业钢琴家。是什么逆转她的人生了呢？

她说："16岁那年，我在丹佛大学音乐学院学习钢琴。在著名的阿斯本音乐节上，我碰到了一些11岁的孩子们，我发现他们只看一眼就能演奏那些需要我练一年才能弹好的曲子。当时我就想到，恐怕我不可能有在卡内基大厅演奏的那一天了。

“之后，我就重新设计了自己的未来。所幸我找到了自己的新目标，那就是投身于国际政治中。”

美国国务卿与钢琴家孰轻孰重？其实根本没有可比性。哪个更适合她成功，那个就是她的位置。

认清了自己，就不会再迷茫，就能找到一个最适合自己发展的位置，然后会像螺丝钉一样不断深入地专研下去，直至取得最后的成功。

当然并不是每个人都能取得赖斯那样的显赫成就，我们也完全没必要非逼自己做一个多么成功的人，只需要做一个找准自己位置的人就行了。这样成功便成了我们的附属品。

平凡人做自己喜欢的事，活得潇洒自在，也是一种成功。

恭谨谦卑是人生大智慧

不自重者，取辱。不自畏者，招祸。

——弘一法师

明朝万历年间，马绍良在京为官。他满腹经纶，深得皇上的万千垂爱。但他为人非常高傲自负，不知不觉间竟然开罪了皇上，还浑然不知。

一天皇上特意叫他上殿赏诗，他细细看后，觉得中间两句“明月上杆叫，黄犬宿花蕊”有点不通，便说：“明月怎能上杆叫，黄犬怎能宿在小小的花蕊中呢？”说完，他就拿起皇上的朱砂笔，将原句改成“明月上杆照，黄犬宿花荫”。

皇上看后没有马上说什么，只是微微一笑，便将他打发走了。之后他就官降三级，贬到荒郊野岭任太守了。马绍良虽然摸不着头脑，但也觉得晦气，只好仓皇带着家眷离京赴任。

一日，他们一行走到福建南部一座山岭下，他突然看见一朵花的蕊中有条黄绒绒、胖乎乎的小虫子，他惊诧地问轿夫：“这是什么虫子？”轿夫告诉他：“这是黄犬虫，它天生喜欢钻花蕊。”

到了傍晚，他们打算住客栈，刚走进去，他就听到一阵悦耳的鸣叫声。

他便问店主："这是什么鸟，怎么晚上还在鸣叫？"店主回答道："大人，这是月亮鸟，这种鸟只有在月上中天时才开始叫，所以叫月亮鸟。"马绍良听后恍然大悟。

从此后，他谨慎为官，年逾古稀时方才官复原职，回到阔别几十年的京城。他最悔恨的就是年轻时太狂妄自大、目中无人，结果断送了自己一生的锦绣前程。

俗话说得好，人外有人，天外有天。不管你是天空中闪烁的明星，还是地上默默无闻的小草，不管你能力几何、资质如何，在茫茫人海、浩瀚社会，你终究是渺小的一分子、一粒尘埃，所以，你要懂得谦卑恭谨，不要太露锋芒，这样才更容易得到他人的认可，也才能更好地生存和发展。

小龙在学校时，就是学校的"风云"人物，他以"三狠"而出名。这"三狠"分别是：文笔写得过人，说话说得过人，拳头打得过人。可以想象小龙是多么自负的一个人。因此同学和师长都怕他，怕稍有不慎，就会有身体上的损失。

毕业后，小龙到了社会上，在三年的时间里，他换了几十份工作，基本上都是因为某种莫名的原因而被解雇。

一个好同学实在看不下去了，就对他说："你很有才华，这是你的优点，但是你锋芒太露，说话又直接，这样很容易得罪人，让人不舒服，这样下去，你在哪个公司都待不长久，对你的发展没有任何益处。"

小龙是个觉悟很快的人，一经好友善意提醒，马上到公司给得罪过的人负荆请罪，倒是消除了不少嫌怨。但是无心之失还是在所难免，最后还是被公司扫地出门。

遭遇的挫折和打击多了，小龙就知道了谦卑恭谨地处事待人，他决定以后收敛起自己的锋芒。自己心直口快，难免以后会再犯无心之过，所以他就刻意三缄其口起来，不管做什么事也都是多方审慎后才做决定。

这样他给新同事们留下的印象是：这个人表面上看起来彬彬有礼，待人谦卑，但是说话很少，做事又过分小心，这样的人未免太精于人情世故，城府太深了。

对于背后的这些议论，小龙也见怪不怪了。他一如既往地对每个人都谦卑有礼，不过多参与到对公司人和事的讨论中。他就这样沉下心，学会做事，学会了做人。

两年后，在一个会议上，小龙一改往常的沉默，说出了自己精心准备的项目方案。这个方案让老总对他刮目相看，也让同事们眼前一亮。没有人反对他，所以他争取到了做这个项目的负责人。

《易经》上说："君子藏器于身，待时而动。"这个器，就是真正的本领和能力。

很多人觉得太恭谨谦卑，就永无出头之日。其实，这种表现本领的机会，不怕没有，只怕你把握不牢，只怕做的成绩不能使人特别满意。

所以，人生处处应该谦卑恭谨，尤其是在没有具备真实的本领之前，这样就能为自己的工作少埋下荆棘和阻碍。

谦卑恭谨是为人处世的大智慧。《论语·颜渊》说："君子敬而无失，与人恭而有礼。"意思是说：端正自己的内心，谨慎认真地做事，尽可能让自己少一点失误。对人恭而有礼，内心真正能够对人有一份尊重，如果人能做到这两样，就能够四海之内皆兄弟，很容易赢得别人的尊重和好感了。

那些锋芒太露、高傲自负的人就如同装满水的杯子，很难再装进别的东西，因为人只有谦卑的时候，才能听进别人的话，才能不断进步。

自负的人就如同额上长角，必然会触伤别人，还是由自己磨平吧，自己不磨平，别人必将力折你的角，到时，伤害和损失只会更多。

其实，一个人有没有本事，一个人的本事有多大，别人心里都很清楚。任何的自吹自擂、狂妄自大只会让众人鄙视。

所以，无论你走到哪里，只要放低自己的位置，对人谦卑恭谨，就能得到别人的赞赏和认同，你也会得到意想不到的收获。你不妨试试！

管好自己，闲谈莫论人非

欲论人者先自论，欲知人者先自知。

——弘一法师

一位居士研究佛法有三十年了，他有一个问题始终萦绕心间，所以他就跋山涉水，不畏千难万险来到一座千年古刹，想让真正的大师给自己指点一下。

大师被他诚心礼佛的举动深深打动，就对他说："佛法博大精深，你不懂的问题应该很多，你有问题尽管提，我一一讲解就是了。"

居士说："大师，我只有一个问题不解。经书上说'情与不情，同圆种智'，这意思岂不是说花草树木也能成佛了？大师，您对这个问题怎么看？"

大师反问他："这三十年来，你一直在思考这个问题吗？这个问题对你的修行有何益处呢？你应该关心的是自己能否成佛，而不是花草树木能否成佛。"

居士沉默了一会儿，似有所悟，就问道："那么请问大师，我该怎么成佛？"

大师顺口说道："你不是说你只问一个问题吗？这是第二个问题了，这个问题需要你自己去解决。"

大师其实想要告诉居士的是：人应该先管好自己，而不是攀援其他。其他的事情与你无关，或者关系不大，你要的是管好自己，降伏自己，战胜自己。然而现实生活中，人却喜欢关注别人，谈论是非，这样就会给自己造成无谓的烦恼和冲突。

小苏在一家公司工作五个月了，他很敏感，每天的想法很多，不是认为这个同事的工作量小，就是认为那个同事太会巧言令色，他还很在乎同事们对他的看法。不仅如此，他还挺爱打探各领导之间的关系，对高层的动向也是集中火力关注着。

他的顶头上司项目经理家里老人生病住院了，所以就向公司请假一周，公司虽然很在乎这个项目，但还是给项目经理批假了。

项目经理临行前，把这个项目的策划思想、牵涉到的大小细节事无巨细地都告诉了小苏，说完就踏上了回家的路。

没有了老练稳重的项目经理坐镇，领导们都很不放心，担心小苏会搞砸，因为小苏并没有给领导留下执行力很强的印象，领导对小苏的感觉就是：这个年轻人思维太活跃、太另类。

领导对他的感觉没多好，他对领导的感觉也没有多好，他整天就担心自己会被炒掉。他还认为同事们都在看他笑话呢。

所以，小苏整天如坐针毡，他根本没有心思跟进这个项目，他实在心烦意乱，就给在老家的项目经理打了电话。

项目经理就很生气地说："小苏，你这人很好，什么东西都能一学就会，但最大的毛病就是想法太多，过于敏感。很多事情并不是你想象的那个样子。你就整天在那瞎琢磨。你管别人说什么，或者怎么样想，那都与你无关，你应该把精力放在怎么做好工作上，而不是整天胡思乱想。我给你放句狠话，你如果再不能沉下心工作，你两年后还是这个样子。”

项目经理最后一句话可说是重重点醒了小苏，小苏就心无旁骛地开始跟进项目了。他按照项目经理的策划思想，逐条细细执行，终于拿下了这个项目。

以后，在项目经理的指示下，他又完成了很多项目。没多久，小苏整个人都焕发出前所未有的光彩，人也变成熟稳重了。连之前不看好他的领导也对他刮目相看，赞赏有加。

三年后，已经有过多次独立运作项目经验的小苏就被提拔为另一个组的项目经理。他知道他能有今天的成功，都取决于当时项目经理对自己说的话。

人只有把心思聚焦在自己身上，自己才会进步。而那些喜欢说人是非、爱指指点点的人能得到什么本质上的好处呢?

古诗有云：“静坐常思己过，闲谈莫论人非。”“吾日三省乎吾身。”用现代文解释就是：一个人独处时，要常常反思自己，想想自己今天的所作所为，理性地分析孰是孰非；发生了不如意的事情，不要只是去怪别人的不足，而要多看自己的过失，严格地要求自己。

对他人心存善意，与人和谐相处，人际关系自然就能达到最佳的状态。

若无“是非”挂心头，便是人间好时节。把心思花在自己身上吧，端正自己的看法和外在行为，改变错误的消极的人生态度，改变对世界的某些执着看法，去除自己的习气，你的身心才能得到宁静。

当人修正了自己的行为，远离了各种杂念妄想，生活才能步入正轨，身心才能得到宁静，这样就是掌握自己。掌握了自己，就能掌握自己的人生和命运。这样的人就有了主心骨，不会再随波逐流，被生活推着走了。所以，在混乱不安的尘世间，让自己保持清醒，还能降低得罪他人的概率，也可纠正自己的不足之处。此乃皆大欢喜之事，何乐而不为呢?

要有接纳批评的包容心

喜闻人过，不如喜闻己过。

——弘一法师

古语有“闻过则喜”“言者无罪，闻者足戒”。但是人非圣贤，都喜欢听到别人对自己的赞扬和肯定。这也是心理学意义上人的基本心理需求。

没有人会从心底喜欢批评，人际关系大师卡耐基也承认：“很多次我知道别人批评得对，但是每次只要稍不注意，我就会本能地为自己辩护，甚至连批评者说了什么都不知道。”可见，我们是多么的反感批评。

但是很多成功人士却不是这样做的。下面我们来看几个故事。

写出家喻户晓作品《雷雨》的曹禺先生相传把友人骂自己的信装裱起来放在书架上。

一次，美国一个同行来家中做客。他竟然逐字逐句地把这封信读给了那位同行听。

那是一封骂他的信，措辞极其严厉，不讲情面。

信的大致内容是：“你新中国成立后的戏我一个也不喜欢，你的心早就不在戏剧里了。你失去伟大的灵通宝玉，你为势位所误！从一海洋萎缩为一条小溪流，你泥涸在不情愿的艺术创作中，像晚上喝了浓茶清醒于混沌之中。命题不巩固、不缜密，分析得也不透彻。过去数不尽的精妙的休止符、节拍、冷热、快慢的安排，那一箩一筐的隽语都消失了……”

美国同行不解曹禺为何把这封信充满感激地念给他人听。但是这正是一代戏剧大师的清醒和真诚。他已经把这种批评演绎成了对艺术缺陷的真切悔悟。

所以，批评带给自己的羞辱正是一份鞭策自己的珍贵馈赠，因此他才要当众感谢这一次羞辱。

生活充满着源源不断的各种各样的批评，心胸狭隘的人把它演绎成沉重的包袱，而豁达乐观的人则把它看做鞭策、激励的别名。

有一位法国老太太为了照顾在中国工作的女儿来到中国。她雇了能讲法语的中国女大学生当护工。但是很多女大学生都在苛刻挑剔的老太太面前望而却步。

只有一个女孩与老太太相处得非常好，短短几个月，老太太就动用她在法国的关系，让她去法国深造。

这个女孩向朋友们揭开了她们相处的秘密。她说：“我刚去的第一个月，老太太简直是全方位的批评，不仅批评我这里那里做得不对，还对我的走路姿势、坐姿、眼神加以批评。有一次，我用手直接给她取一块蛋糕，她竟然说我没教养，当时我气得真想马上辞职。但是事后想想，手拿食物给人，是有点不妥。”

“她说我走路姿势不对，我回家揽镜自照，果然发觉自己走路有点跳动；

她说我坐姿不对，我就有意识地观察我的坐姿，发觉两腿没有合拢，是有点不雅观；她说我眼神不对，我就对镜观察自己，发觉我看人是有点偏眼。”

“我才发觉老太太说的很多都是对的。只是人由于自尊心，在心底里排斥批评罢了。”

“后来，我知道了老太太的身世，原来她出自一个贵族家庭，从小受的教育就是处事要有条理，生活要精致。这样我对老太太的批评就有了全新的态度。既然老太太说得有理，我就要改变自己了。”

“所以，以后每当老太太再提出批评时，我就不再抵触，而是先想想我自己到底对不对。如果我不对，就努力改正。为此，我还翻阅了大量法国人生活的习俗和禁忌。”

“一次，老太太过生日，我特地花了几个小时为她做地道的法国传统菜——烤牛排，她感激得竟然流泪了。我也挺感动的，照顾她那么长时间，她还是第一次落泪。”

“至此，她就很少批评我了。我们经常一起坐在客厅里，彼此说笑。一次她女儿来看她，竟然说我气质变典雅了，法语口音也变纯正了。”

人就像一株含羞草，只要受到外界一丁点侵犯，就会把自己层层保护起来。如果能换一种角度去看待别人的刻薄和批评，你就会得到很多。

批评你的人可能就是你的贵人，生活的指导师。所以，在批评面前，不妨多些包容心，这样才能改变自己，提高自身的能力，在批评中修身、养性、践行，促使自己在自身的事业和生活中不断获得进步，取得幸福。

让健康有效的沟通代替抱怨

人好刚我以柔胜之，人好术我以诚感之。

——弘一法师

小时候，我们与人起争执，与人吵架，或者打架，可能都会跑回家，向母亲“告状”，让母亲为自己“讨个说法”。

然后我们“善解人意”的母亲介入了：她不是劝诫自己的孩子少惹是生非，就是亲自跑去教训那个孩子一顿，或是去找人家的父母，让人家父母管教自己的孩子。

总之，所有的方法中，唯独没有撮合我们两个孩子自行解决原本只属于我们两个人的问题。这从短期看，可以轻松有效地化解当下的困境，但是从孩子人生的成长历程上来说，父母并没有教给孩子解决问题的真正方法，那就是健康有效的沟通。

健康有效的沟通就是请当事人双方彼此沟通，信任他们，引导他们，让他们自己化解彼此的冲突。可以教他们学习健康的沟通，让他们感受到自己的力量。这样长大后的他们就知道怎么让沟通代替抱怨，怎么化紧张的人际关系于无形，从而左右逢源，早日收获事业和生活上的双丰收。这无疑是送给孩子人生一份很重要的礼物。

人与人之间需要健康沟通才能解决问题，很多人一直以为对方会明白，所以就想当然地不说。其实，现在生活节奏这么快，疲惫的人们怎么可能时时“善解人意”，明白你的心思呢？恋人、夫妻之间尤其如此。

小珍和小左在别人眼里是模范夫妻。可是有一天，小珍和小左因为一些误会吵起来了。

小珍说：“我工作忙得焦头烂额，你一点都不支持我的工作。”小左说：“你工作再忙，也不能破坏我辛苦劳动的成果，还忽视我的存在。”两人就为家里琐事吵得不可开交起来。

其实，小左不断莫名地发脾气，就是有些不满，但是也不对小珍说。小珍是个工作狂，一工作起来，就忘乎所以。

吵架过后，生气的小珍就告诉父母和亲戚，说小左变了，变得不再像恋爱时那样对她，对自己很过分，还附带加上对小左种种琐事的不满。

这时，一位两人共同的好友告诉小珍：“你老公常在外面夸你是完美女人，而你现在这么冲动，到处宣扬对他的不满，会伤了他的自尊，让他在亲戚、朋友面前抬不起头，还不如你们心平气和地真正坐下来沟通沟通。”

小珍认真思考了这位好友的话，想想他们平时都忙于工作，真正的沟通是没有谈恋爱时多，尤其是这阵子老在家里加班，的确把老公冷落了，老公还为自己做饭，做家务。这种独有的方式不就是在默默支持自己吗？自己忙得已经看不见老公对自己的疼爱了。

想到此，她就破天荒地放下自己的矜持，第一次主动找老公和谈。以前，两人发生了矛盾，都是老公先求和。

在与老公的交谈中，老公也终于说出了自己内心的想法，并把她毁了他劳动成果的事一并说出。小珍这才恍然大悟，解释自己从来都没有故意做过，如果真的让老公觉得这样做了，那也是无心之失。

老公选择相信小珍，两人就高兴地拥在了一起。

抱怨本身是一种不健康的能量，总是抱怨，不想着和人好好沟通解决问题，健康沟通的途径就被阻断了，所以说抱怨只能让情况更加糟糕。

不沟通，不及时沟通，小问题会变成大问题，两个人之间就会产生很多不必要的误解和摩擦。俗话说："灯不拨不亮，话不说不明。"推心置腹，真诚相见，抱怨自会消失不见。

一个人只会闷头抱怨，且抱怨久了，不经意间，抱怨就成了你交流的一种主要方式，从解决问题的角度来看，它恐怕是一种最可怕、最无效的沟通方式了。

沟通讲究方法和策略，但是最健康的沟通方法莫过于直接找那个你抱怨的人谈，而且只跟那个人谈。和另一个人谈就是抱怨，有说闲话之嫌，还会形成三角问题，不但于事无补，还会造成新的问题。

沟通讲究策略，你可以把抱怨语言换种语言方式来表达，就像妻子抱怨老公整天忙于工作，不顾家，不记得结婚纪念日，用这样的抱怨方式，只会让男人觉得妻子不可理喻，不理解自己，而如果用"多关心一下我嘛，多关心一下我，我才能感受到你的爱，我才会更爱你啊，不然我就没动力爱你啊，你关心我你又不会损失什么，还能换来我对你的忠心耿耿""你最近的表现让我很不满意哦，主要有这么几个方面"……其实只是换了一种口吻，但是就能把抱怨转化成了沟通，效果就会完全不同了。

所以，不抱怨的沟通最有效，最能得到自己最想要的结果。努力不抱怨吧，你会收获更多。

善于倾听——走向成熟的最基本途径

观天地生物气象，学圣贤克己功夫。谛观少言说，人重德能成。

——弘一法师

孔子说：“三人行，必有我师焉。择其善者而从之，其不善者而改之。”这句话主要说明了孔子虚心好学的精神，但是一定意义上也点明了倾听是学习的真谛。

倾听是了解、理解、接受、接纳外部世界的过程。一个会倾听的人能够从别人那里获得很多信息、知识、经验、方案、技能等，所以，倾听是一种能力，一种素质，一种思维习惯。我们来看看下面一则寓言。

有一天，猫妈妈对小猫说：“现在你已经长大了，以后不能再吃妈妈的奶了，你要自己去找东西吃。”

小猫很惶恐很疑惑，就问妈妈：“妈妈，那我该吃什么东西呢？”

猫妈妈笑着说：“妈妈一时半会儿也说不清楚你要吃什么东西，你就用老祖先留下的方法试试吧！这几天夜里，你躲在梁柱间、屋顶上、陶罐边，仔细听听人们说了什么，他们自然会教你的。”

第一天晚上，小猫弓在梁柱间，听到一个大人对孩子说：“小宝，小猫最爱吃鱼和牛奶了，你把鱼和牛奶放在冰箱里。”

第二天晚上，小猫窝在陶罐边，听见一个女人对男人说：“老公，帮帮忙，把香肠和腊肉挂在梁上，小鸡关好，别让小猫偷吃了。”

第三天晚上，小猫躲在屋顶上，从瓦缝间看到一个妇人叮嘱自己的孩子：“小猫的鼻子可灵啦，吃剩的奶酪、肉松、鱼干要收好，别让小猫偷吃了。”

小猫这三天大有所获，回家就开心地告诉妈妈：“妈妈，您真聪明，果然像您说的那样，只要我仔细倾听，人们每天都会教我该吃些什么。”

小猫靠着倾听，学会了生活的技能，终于成为一只身手敏捷、肌肉强健的大猫。它也是这样教导它的孩子的。

职场新人、管理生手不妨向小猫学习，聆听学习，你的心将不再是狭窄的通道。

如果你是一名职场新人，应坚持“多听、少说、多做”六字方针，靠着倾听同事和领导的谈话，你可以尽快熟悉公司业务和流程，靠着他们的交代和指示，你可以参与到具体的工作实战中，也能减少不成熟的评论，避免不必要的误解，这能为你的人生打下坚实的基础。

如果你是一位新领导，不是很熟悉业务，不妨多倾听下属的意见和建议，他们自然会告诉你该怎么做，你也会因此赢得让下属展示才华的美名，也能提高自己的专业能力和管理能力。

这六字字字是精华，是老前辈们用二三十年的生活经历、实战经历总结而来的真理。所以，生手们要谨记，这也是走向成熟的最基本途径。

学会倾听，对销售人员来说，无疑是一种必备的能力和素质。乔·吉拉德被誉为当今世界最伟大的推销员，他曾说过一句名言："世界上有两种力量非常伟大，其一是倾听，其二是微笑。"为什么他会说出这样的肺腑之言呢？我们来看看他刚做销售员时候的尴尬事。

在一次推销中，乔·吉拉德与客户相谈甚欢，眼看就要签约了，但是对方突然改了主意。这让乔·吉拉德很疑惑。晚上，他登门拜访了那位客户。

客户看他很真诚，就如实相告，说："我没有下单，是因为你自始至终都没有认真倾听我说话。当我兴致勃勃提到我的独生子即将上大学，提到他的运动成绩和他将来的抱负时，你不仅没有任何回应，反而还在摆弄手机，甚至还回头与别人说话。这让我很生气，所以我就改变了主意。"

此后，乔·吉拉德再也没有在顾客讲话时分过心。而每一位顾客进到店里，他都会主动问问他们最近怎么样、家人如何、有什么兴趣爱好等，乔认真地倾听着他们所讲的每一句话，这样大家都有一种被重视的感觉，乔·吉拉德就这样成为最受他们喜欢的人，也渐渐成为当之无愧的最伟大的销售员。

所以，学会倾听是对别人极大的尊重，也是真心实意关心别人的表现。而真正充满智慧的聪明人正是那些懂得倾听的人。

浮华社会、喧嚣都市，人的负荷倍增，心灵很容易就会感到疲惫和苦闷，我们都渴望有个人能够倾听我们的心声，让我们心底复杂成结的心绪得以慢慢释放，相信每个人都会有这样的需求。所以，在每一个匆匆的日子里，让我们拿出一点时间，打开心门，多去关爱他人，多去倾听他人的心声，这世上就会多了欢颜，少了倦容和愁容。让我们在倾听中，与人一起微笑，一起流泪，一起迎接新的一天。

心中有佛祖，看人皆佛祖

德胜者，其心平和，见人皆可取，故口中所许可者多。

德薄者，其心刻傲，见人皆可憎，故目中所鄙弃者众。

——弘一法师

倍觉职场压抑的小新向佛祖哭诉：“我上学的时候，就听说职场有很多潜规则，所以我在上学时就特意看了很多这方面的书。毕业后，为了早日取得成功，我就严格按照书上的教诲做。书上说，言多必失，怕被别有用心的同事出卖，抓住把柄，所以我就不敢与同事多说话，生怕我一个不小心就被人利用了。我不想卷入公司的是非争斗中，所以对公司的很多事情都漠不关心，这样我发觉我就没有多少朋友，同事也不怎么爱与我说话，也不是很配合我的工作，我感到很孤单和烦闷，我毕业三五年了，也没有取得工作上的多大成就。佛祖啊，您说这是为什么呢？”

佛祖笑笑，没有看他，只是闭着眼睛说：“这是因为你没有善念。”

小新感到很惊讶：“可是，我从来没有做过坏事啊？我也从没有做过对不起同事的事。”

佛祖语重心长地说：“心中有佛祖，看人皆佛祖。心中有爱，心存善念，才能用爱的眼光、善良的佛心看待这个世界，看待别人。你每天战战兢兢对别人设防，你心底本来柔软的部分就会变冷、变硬，佛祖就不会在你心中停留。别人也会这样对你。所以，年轻人，凡事心存善念，待人如己，才能为自己营造良好的人际氛围，好运也必定会如影随形。”

孟子说过：“君子莫大乎与人为善。”我们只有先去善待别人，善意地帮助别人，才能处理好人际关系，从而获得他人的帮助和愉快合作。那些对别人有阴暗心理的人，怎么可能活在光明中呢？用一颗慈悲的本初的心去面对生活中的每一个人，一切关系都处理好了，自然就能停止抱怨。

郊区一个葡萄园里，住着一位辛勤的老人。老人一生最大的爱好，就是侍奉不同种类的瓜果。他倾注心血最多的就是葡萄。他爱葡萄，可以说葡萄就是自己的孩子。

一个夏天，他葡萄大丰收。看着一架子满满的沉甸甸的葡萄，他别提有多高兴了。这葡萄可是他用心栽培的，所以他很想有人尝尝他这又大又甜的葡萄，希望有人分享自己的劳动成果和那份喜悦的心情。

他摘了一大篮葡萄，站在路边，打算来一个人就让那人品尝。

第一个打此经过的是一个商人。他经营公司失败，来郊区散心。没承想竟然被一个老汉拦住了，他还让自己白吃葡萄。凭着商人多年的警觉，他觉得这个老人肯定是卖葡萄的，要自己先尝后买，所以，他就说了：“您先给我说葡萄价格吧，不然我怎么好意思品尝呢？我尝了好吃，我一定会买。”

老人再三强调：“这是我自己种的葡萄，就是想让你尝尝它的滋味，不要钱。”商人不相信他的话，就硬塞给他一笔钱，拿几串葡萄走了。

老人有点失望，但随后又来了一个人，老人忙不迭地让第二个人品尝葡萄。第二个人是个当官的，他来这个郊区公干。他吃着葡萄，顾不上评价葡萄的美味，就说：“老人家，您一定有什么事求我，您快说吧，我还要赶路。”

老人很尴尬：“我没什么事求你的，就是想让你尝尝我种的葡萄。”公干的人没耐心了，说：“您看我像干部吧，您真好眼力。我不能白吃葡萄，您就别不好意思了。您不说，这葡萄我就给您放下了？”干部说完，没好气地走了。老人目瞪口呆地杵在那里。

停了一会儿，走来一对嘻嘻哈哈的情侣。老人又来精神了，赶忙上前给那女孩子葡萄吃。他知道女孩子都爱吃水果，水果是好东西，养颜。这下子女孩子会夸自己的葡萄了吧。但是那女孩还没说话，旁边那男的就说话了：“你什么意思啊，这么大的人了，还老不正经。”看着年轻人撸起袖子，一副要开架的样子，老人提着篮子，什么话都没说，就跑走了。

他很沮丧和郁闷，他最后遇见的是一个老乞丐。他看乞丐衣衫褴褛，这么热的大夏天，一定口渴难耐。这样想着，他郁闷的心情就舒展开了。他继续想到，乞丐不是大富大贵，也无权无势，更无美色，他一定能品尝出葡萄的滋味。

他拿了一大串葡萄给乞丐。乞丐接过来，一颗一颗地吃，吃一颗赞一颗，连连说：“这真是天底下最好的水果，我长这么大，还没看见过这么大、这么甜美的葡萄呢！这串葡萄人间少有啊！”

老乞丐的这些话让这个老人转怒为喜了，他终于找到能真正懂自己葡萄滋味的人了。

职场中有利益，但是也有友谊。这友谊就像老人的葡萄。我们害怕品尝，害怕与同事交流，那是因为我们已经失去了本真品尝它的心愿。人都是慢慢交往的，因此与同事的交流不妨一点一滴地开展，没必要完全防着。

在交往初期，哪些话能说、该说，就说，不能说的就先不要说。至少不能或者完全没有必要把人往坏处想。人都有目的，难道人的目的就不能只是交个相互扶持的朋友吗？所以，我们在内心过于防人的时候，我们就失去了自己的本真，也很有可能关闭了与别人交往的心门。

佛说："你看世界是什么，你便是什么。"你心中有佛祖，看谁都是佛祖。你心中有恶魔，看谁都是恶魔。用纯净的佛心、诚心打破你的世俗心，用你本初的那种愿望，去遇合这个世界，去与别人结缘，这个时候，你才能够体会到世界的真意。

所以，摘掉你的"有色眼镜"，卸掉你"过于自我防卫"的心理，推开"心窗"，让"善念"从你心底汩汩"流"出，主动对别人伸出友谊之手，尊重他人，不去探究他人的隐私，不去背后议论他人，承认别人的价值，负起自己该负的责任……你将获得许多好朋友、好伙伴。最终你会发现，你心灵的屋子里洒满阳光，豁然开朗。

成功不抱怨，抱怨不成功

以“淡”字交友，以“聋”字止谤，以“刻”字责己。

——弘一法师

人生总有不如意，有的人看得很透彻，就看开了，所以，对待不如意，就像只是被人扎了一下，喊一句疼就过去了，忘记了。但是有些人，就比较较真，认死理，把不如意当作恶性的肿瘤，或是传染病，将其放大再放大，到最后，自己并没有得到什么，综合权衡，反而得不偿失。

荀子说：“自知者不怨人，知命者不怨天，怨人者穷，怨天者无志，失之已，反之人，岂不迂乎哉！”有自知之明，人才能把世间事看透；看开，就会去积极改善现状，然后就能把握命运的主动权，获得真正的成功。

小欧刚到而立之年就创办了自己的公司，成为很多人艳羡的青年才俊。

在很小的时候，因为城里的父母忙于工作，不能很好地照顾他，就把他送到了农村与奶奶一起生活。所以小欧高中之前都是在农村长大的。

他年迈的奶奶开了一间杂货店。因为为人和善，村子里的人都喜欢光顾她的小店，并借机给她说家常。每当村人买东西时，小欧总会站在一旁好奇地听着他们说话。

一次，邻居叔叔来买香烟。奶奶问他："这阵子，过得怎么样？"这位叔叔唉声叹气地说："这阵子很烦，做什么都不顺。您看看，天气还这么热，真是鬼天气，真要命！"奶奶一边递给他香烟，一边附和着说："是啊，是啊！"随后叔叔又抱怨了工作中不公平的事，抱怨了一二十分钟后，才离开店里。

又有一次，邻居一位阿姨一进门就开始向奶奶抱怨："现在的孩子真不听话，上课总是调皮捣蛋，我请了几次他们的家长，每次家长都训斥他们不听话的孩子，但是孩子还是老样子，这老师当的真没意思啊！"奶奶还是笑呵呵地附和道："是啊，是啊！"

还有一次，一位大伯向奶奶抱怨："我真不想干这农活了，面朝黄土背朝天不说，我家那头驴还不听使唤，你看我的眼睛、鼻子，还有腿，哪里都是灰土，真是干够了！"奶奶仍然是那副老样子，附和着说："是啊，是啊！"

……

这样的事情小欧见多了，就越来越好奇。他终于忍不住问奶奶："为什么这些人总是说这不好那不好呢？"

奶奶慈祥地摸着小欧的头，笑笑说："孩子，他们抱怨，是因为他们对生活不满意。但是我们千万不能这样。孩子，每天晚上都会有人——不管是有钱人，还是没钱的人；不管是年轻人，还是老年人，酣然入梦，但是再也没能醒来。那些永远闭上眼睛的人，再也感受不到暖和的被窝、亲人的陪伴、活着的快乐，他们再也不能因为天气或者孩子、驴子不听话而抱怨一分钟。所以，孩子，要记住：任何时候，都不要抱怨，因为抱怨不能解决任何问题。如果你对现状不满意，那你就设法去改变它；如果改变不了，那就改变你的心态去面对它，但是一定不要去抱怨什么，这样永远不会有出息。"

小欧长大后，无论遭受多大的不公和多大的挫折，他都从未抱怨过，他最终靠着自己的努力和才智为自己开创出了一片天地。之后，公司业绩直线上扬，规模扩大，成为业界前十强。

每个人都要对自己的人生负责，当人真正开始对自己负责时，情感上就没有了依赖，遇事时也会少几分抱怨，而更多的是找到理想的解决方案。当你为了一个目标而勇往直前的时候，全世界都会为你让步。

20世纪30年代，日本有一个保险推销员，刚做保险业务，业绩很差，收入也很可怜，于是，他就整天抱怨保险难做。

有一天，他来到一个寺庙，竟向老和尚推销起保险来。他滔滔不绝地说着投保的好处，说得口干舌燥，老和尚始终不言不语，最后老和尚说了一句话，无异于一瓢冷水，将他一棍打醒。老和尚说："你向人推销，要有强烈的吸引力才行，否则你做推销就没有前途。小伙子，你还是回去先改造改造自己吧。"

老和尚的话虽然不中听，但很有道理。他就用自己微薄的工资每月请人吃饭，请人"批斗"自己。他就算典当衣物，也要每月坚持召开一次针对自己的"批斗会"。每次都有被剥皮抽筋的痛苦，但他都默默忍受着。他一字一句地记着那些逆耳忠言，不断地进行自我鞭策和反省。

以后他身上的毛病和缺点就逐渐减少，自己也日趋成熟。他的付出最终得到了回报，他的保险业绩在1939年达到了全日本第一，而且从1948年起，他保持了15年全日本销售业绩冠军的记录。这个人就是著名的推销大师原一平。

所以，成功始于不抱怨，与其做讨人嫌的"祥林嫂"、喋喋不休的鸭子，不如尝试着去改变自己、改变现状，慢慢地，生活才会变得如意起来，成功也会接踵而至。

第五章
不生气：
眉间放一字宽，看一段人世风光

心平、气和，千祥骈集

大度量有大福气

不责人小过，不揭人隐私，不念人旧恶

吃些亏来原无碍，退让三分也无妨

每一次忍让，都是一种造就

倒推生气的后果

……

心平、气和，千祥骈集

以和气迎人，则乖沴灭。以正气接物，则妖氛消。

以浩气临事，则疑畏释。以静气养身，则梦寐恬。

——弘一法师

“心平、气和，千祥骈集”意思是：心情平静、态度温和、语气平和的人，身边就如同有吉祥之云聚集，万事会比较顺心遂意，就如同暗中得到老天的神助似的。《汉书·刘向传》说：“和气致祥，乖气致异。”佛家有一个很有名的故事很能开示这个问题。

古时，有一位心眼特别小的妇人，她总是为一些琐碎得不能再琐碎的小事而生气，什么别人的房子比自家大，收成比自家好，孩子比自家的有出息，亲戚朋友多，别人借自家的东西未还，别人议论自己等，轻则她会头痛脑热、胸闷气短，重则甚至能躺在床上一连好几天。

她自己也知道这样下去，对自己的身体并没有任何好处，所以她一大早就去山上拜访一得道高僧，希望气量宏大的高僧能开导开导自己，让自己的心胸宽阔起来。

她滔滔不绝地讲了一大堆让自己心海难平的事，高僧听了，没有言语，只是让她随自己到一处。待那妇人进去后，高僧落锁而去。

这让妇人很生气，就大骂起来："你没事把我锁禅房里干嘛？我来这儿是好心让你给我讲禅的，你这个秃子，你枉为出家人……"妇人跳脚大骂了很久，什么脏话都说了出来，高僧都置若罔闻。

许是骂累了，妇人气势渐弱，开始低声哀求高僧放她出去，但是高僧还是不理睬。

妇人终于闭口不语了。高僧才来到门前，问她："施主还生气吗？"

妇人说："现在，我只生自己的气。我好端端的为什么来这个地方受辱遭罪呢？"

高僧说："自己都不原谅自己，怎么可以做到心静如水？"说完便走开了。

过了一会儿，高僧又来问她："还生气吗？"

妇人无奈地回答："不生气了，气也没用。"

高僧说："这说明你的气还未消，还在心里积压着，将来爆发后会更加剧烈。"说完就又离开了。

高僧第三次来问她的时候，她说："我不生气了，因为根本就不值得气。"

高僧笑了，说："你还知道值得不值得，可见你的内心尚有衡量，这说明你心中还是有气根。"说完就又离开了。

转眼已是黄昏，夕阳残照在禅房里，落在妇人已经平和的脸上，她没等高僧发问，就说："大师，什么是气？"

高僧没有回答，只是将手中的茶水倾洒于地。

妇人看了很久，终于顿悟，叩谢而去。

"气"究竟是什么？佛家认为，气就是温热的茶水，一经接触空气，自然随风飘散。你越在意它，它就会越缠绕着你，搅得你心神不宁。你若不在意它，无视它，它便如空气一般，不复存在，丝毫影响不到你。

有些人说的不文雅，认为“气”就是别人的口中浊物，正好被爱生气的人接住，所以，“气”就是让人反胃的浊物。人们还是不要中招、自虐为好，否则真是拿别人的错误来惩罚自己。

心绪不宁，对人对事急躁，就很容易对周围人发火，也非常容易做错事，何谈自己的工作和生活会一路顺风顺水、开开心心呢?

一作家是个急性子，且很爱发火，每次心情不好的时候，必定会遭遇倒霉的事。

他有次在公交车上与人发生口角，下车，手机就不小心“被顺走”了；

晚上10点钟，他满腹心事地走在回家的路上，他竟然遭遇了传说中的“麻匪”，回家，他就与人谈崩了写稿合同；

再后来，他写的几十万洋洋大作也瞬间人间蒸发，原因是大脑不清醒的他，在电脑死机前，没看清保存键，而点了取消键，所以他几个月的辛勤成果顿时化为乌有。

接二连三的重创，让他觉得自己天生就是一个悲催的倒霉蛋。他对此还深信不疑。

其实，他就输在心不平、气不和上，所以，他就一直重复着倒霉，不能活在丽日光风中。

所以，“心平气和”，全在“定火”上，非涵养不能做。

意气不平时，就回家擦地板去吧。不要用拖把，而是要用一块方巾去抹地，去抹每一块瓷砖，每一个角落。

弯下腰，让自己变得谦卑；双膝着地，让自己变得有耐心；然后用方巾在地板上来来回回地抹，直到自己气平、气消，不再烦乱为止，就像上面故事中的那个妇人。时间最能使一个人清醒起来，客观起来。

在劳动身体的过程中，你不妨反思自己在那场冲突中，是否也有不对的地方，比如让人讨厌的神情、手势和不过脑的过激言辞，这样你的气是不是消解了一点？你渐渐心平气和了，是不是？这时，你发现你不仅擦亮了自己的心绪，也擦亮了一张光洁的地板。

所以，安祥，是真正的生命。让我们从“烦躁、凌乱”的状态中抽离出来，让安祥常驻心间，让我们整个人变得美好温柔，万千福祉就会适时接连而至，我们也能早日得到成功的喜悦和平静的幸福。

大度量有大福气

处难处之事愈宜宽，处难处之人愈宜厚，处至急之事愈宜缓。

——弘一法师

“大肚能容，容天下难容之事；开口便笑，笑天下可笑之人。”凡有弥勒佛的寺庙，大抵都会有这样一副对联。这副对联讲的是人的度量，一个人如果能达到容天下万事万物的程度，其思想便是进入“禅”的高层境界了。

佛家有一则包容世人的小故事，当你无法包容别人时，不妨看看这则故事，相信定会有所启发。

九华山上住着一个很聪明的小和尚，机智灵敏，学什么也是一学即会，但是他只喜欢与聪明人交流，对那些思维混乱、说话含混不清、学识浅薄的师兄师弟就没多少耐心，动不动就大发脾气，常常把“你怎么还不明白，你什么脑袋啊？”挂在嘴边，师兄弟也躲他远远的。师父为此批评他多次，但他每次都是嘴上承认错误，行动上却没有一点悔改。

有一天，他上山打柴。因为打了很多柴，所以心情极好。

下山的路上，他背柴累了，就放下木柴，去溪边喝水。这时他的好朋友小宝出现了。小宝是山中的一只猴子，非常顽皮可爱，经常在他上山砍柴的时候与他“偶遇”，一来二去就与小和尚成了好朋友。

小和尚喝完水，想用汗巾擦脸，但是汗巾还在那边的柴担上。他就示意小宝帮他拿过来。小宝欢快地跑过去了，但是拿了一根木柴给他。小和尚摇摇头，双手比画着正方形，嘴里还说着“汗巾，汗巾”。但是小宝每次拿的都还是木柴。小和尚乐不可支。

他脑袋一转，捡起溪边的小石头，正好扔到汗巾上，然后再要小宝去拿。他心想：“这下该明白了吧，是那个方方正正的汗巾。”

但是小宝欢快拿来的还是木柴，猴子脸上还是得意的兴奋表情，仿佛在说：“看我多能干。”

小和尚看着小宝那高兴样，自己也笑得前仰后合。

回来后，他就把这件有趣的事告诉了方丈。方丈捋捋胡须道：“你对听不明白的小猴子倒是很有耐心，一点都不发火，但是对听不明白的师兄弟却没有耐心。”

小和尚一愣，回答说：“小宝听不明白很正常，他毕竟是猴子。师兄弟是人，他们不应该听不懂我说的道理。”

方丈说：“什么叫应该，什么叫不应该？每个人的先天禀赋不同，悟性就不同。悟性好的人，那不是他的功劳；悟性差的人，那也不是他的过错。就算是悟性相同的两个人，也可能后天所处的环境不一样。出生在书香门第的，那不是他的功劳；出生在走卒屠户家里的，那也不是他的过错。就算环境一样，所遇到的师父也不一样。遇到一灯大师这样的，那也不是他的功劳；遇到酒肉和尚的，那也不是他的过错。人和人有太大的差异，你凭什么说应该和不应该呢？”

小和尚听到这里，低下了头。方丈继续说道：“更何况天道无常，人世无常。今天你比他强，看不起他，说不定哪天他就比你强了，哪天他看不起你，你心里会有什么感受呢？”

方丈一番话，把小和尚说得惭愧至极。

方丈继续说道：“其实你最大的错，并不在此。”

小和尚迷惑了，问：“我最大的错在哪里呢？”

方丈说：“你错在没有用佛的眼睛去看，没有用佛的心去想。”

小和尚若有所悟，赶忙给方丈磕头，求点化。

方丈微笑道：“你仔细想一想，师兄弟和小猴子都不能理解你的意思，你对猴子百般容忍，而对师兄弟却会发怒，其实他们本身是相同的，变化的是你自己。所以，问题并不出在他们身上，而是在你身上。你觉得你比猴子的智慧要高得多，所以就能包容他的错误。而师兄弟都是人，你就觉得你们都是同一档次，因此就不能包容他们的错误。但是如果是佛呢？佛看见弟子们的错误，他会发怒吗？肯定不会，因为佛心能包容一切，怜悯一切。”

从此后，小和尚心态就放平了，度量也变大了，在佛法上有了更大的长进。方丈圆寂后，师兄弟们都推举他为新方丈。

斤斤计较于别人的过错、短处和弱点，嫉妒他人出色的才能、专长和显著业绩，不能包容别人的考虑不周、处理不当之处，凡此种种不高兴时，不妨想想佛祖遇见这样的事会怎么样，用佛心去想，用佛眼去看，你就会发现，很多的错误和过失都显得那么微不足道，几乎无所不能包容。

弘一法师说：“处难处之事愈宜宽，处难处之人愈宜厚，处至急之事愈宜缓。”如果能以这样的胸怀处世，不仅宽容了自己，也为自己寻到了福报。因为量大的人，遇事想得开，不会因小事斤斤计较，因此很容易拥有良好的人际关系，家庭多半也会幸福温馨。这种人拿得起、放得下，就能时常感到生活的喜悦和欢乐。

再者，一个时刻快乐的人，他的神经系统、内分泌系统、免疫功能时刻处于最佳状态，从而疾病难生，自然健康长寿、福大命大。而那些气量狭小之人，时常对人怀有怨恨之情，自然就会缺少朋友，缺少关爱，生活充满了烦恼，日久就会横生疾患，甚至难享天年。

所以，大度量必然带来大福气、大福报。大度地为人处世，就能在世事纷扰中，独享那份宁静，真正享受人生。

不责人小过，不揭人隐私，不念人旧恶

严着此心以拒外诱，须如一团烈火，遇物即烧。

宽着此心以待同群，须如一片春阳，无人不暖。

——弘一法师

《菜根谭》中说：“不责人小过，不发人阴私，不念旧恶。三者可以养德，亦可以远害。”明人洪应明这句话很浅显易懂：不要轻易责备他人所犯的小过，也不要随便揭发他人生活中的隐私，更不要对他人以往的错处耿耿于怀。这是做人的三大原则，不仅可以培养自己的品德，还可以避免意外的灾祸。

《文子·上义》：“自古及今，未有能全其行者也，故君子不责备于人。”意思是：从古至今，这个世界上就没有完人，所以有德行的人不会责备人。

这两句古文意思就是教我们要宽厚待人、不论人非。下面我们就从三个方面来详说如何宽厚待人。

我们先说“不责人小过”。《东周列国志》里有个“灭烛绝缨”的典故，就充分说明了这个问题。

楚庄王是春秋五霸之一，楚国是南方的泱泱大国。楚国兴盛一个重要的原因就是楚庄王礼贤下士、知人善任，特别是待人以宽。

一次，他宴请群臣，让最宠爱的妃子斟酒助兴。大家开怀畅饮，一直喝到天黑，兴致仍然不减，于是，楚庄王下令点燃蜡烛，继续畅饮。大家都喝高了，有点得意忘形，一位武将趁换新蜡烛昏暗的时候，拉住了楚庄王爱妃的衣袖，爱妃很生气，急中生智，当即扯下了武将的冠缨，然后贴耳语告知了楚庄王。

楚庄王很是恼火，就想点燃蜡烛，看看究竟是何人敢如此色胆包天，但是转念一想：酒足饭饱之时，人很容易忘乎所以，做出点荒唐的事情也是人之常情，何况是自己夜宴群臣？再者，为后宫一个女人，折损自己一员大将，实在不是明君所为，就决定不再追究。所以，他马上下令：“请大家扯掉冠缨，喝个痛快。”群臣不明所以，皆照做了。那个武将此时已经全然酒醒，他心中的那块石头终于落地。

过了三年，楚国与晋国交战。楚庄王发现，大小战役中，总有一员武将一马当先，舍生忘死地冲锋在前，他的英勇，激起了所有将士的昂扬士气，最后楚军大获全胜。

战争结束后，庄王亲自召见那位武将，询问他原因，最后那个武将终于说出了实情，他说：“臣就是那天夜宴中被大王爱妃扯下冠缨的武将，大王宽厚待人，不忍心杀我，所以很久以来，我都在找机会报答大王的恩德，直到今天臣才有这个机会。”

楚王不责人小过，宽厚待人，得一勇士，为自己的霸业添了一份力量。可见宽厚待人的人格魅力就是这样熠熠生辉。

下面再说“不揭人阴私”。这个很容易理解，它包括两方面内容：

一是，不要主动打探别人的私生活，比如年龄、收入、对象、房车等一切别人不愿意说的事情，这是对人的一种尊重，当然自爆私生活者除外。

二是，别人推心置腹告诉你他（她）的隐私，很可能是把你当朋友，所以这些隐私你就不要再小喇叭传出去，即便他（她）可能也告诉了别人，但是第一个说出去或者议论的不应该是你。还有一种情况是，别人告诉你隐私，是想套出你的隐私，不管别人好意与否，如果你不想惹事、多事，不妨捡点安全的个人信息给别人。这也是在保护自己。不是不相信对方，而是少为自己惹事总是好的。

最后再说“不念人旧恶”。这方面的事例不胜枚举。

韩信“胯下受辱”的故事在我国可以说是家喻户晓，妇孺尽知，但是那几个小流氓后来的事，知道的人就很少了。

在韩信功成名就后，他不仅没有打击报复那几个小混混，反倒给予他们赏赐，还提拔当年的那个流氓做了小小的官吏，那人自是感恩戴德，尽心尽力。

这就是一个大将军的气量，难怪萧何会夜下追他了。

与韩信不念人旧恶异曲同工的是苏东坡与王安石的恩恩怨怨。

苏东坡一生的跌宕起伏可说大都是拜王安石所赐。他四十七岁被贬黄州，经受着物质与精神生活的双重煎熬。之后王安石倒台，他也由黄州团练副使改授汝州团练副使。

此时的王安石不仅政治失意，还痛失爱子、身体患病，因此，苏轼在赴任途中，经过江宁，特地拜谒了王安石。之后，苏轼与王安石就书信频繁往来，或共叙友情、互相勉励，或讨论学问，十分投机。

苏轼高风亮节，不计前嫌，他的胸怀就如同他的诗，像大海一样宽广。两人的恩恩怨怨都付笑在山水和诗歌之中了。

在生活中，我们应该常常记取《菜根谭》里的这句古训，学着心胸宽阔，气量宏大，对人对事不要过于认真计较，这样才不会心有戚戚焉。当戒则戒！

吃些亏来原无碍，退让三分也无妨

学一分退让，讨一分便宜；增一分享用，减一分福泽。

——弘一法师

“吃亏就是占便宜”，是民间自古流传下来的古训。比如那个人称“及时雨”的宋江，他散尽千金，仿佛吃了大亏，但是换来的是一百零八将的性命相许；曹操对关羽，不是加官晋爵，就是赠送赤兔宝马，貌似亏了大本钱，但是华容道上却换来了自己一条性命。这些真正爱吃亏的人，比爱占便宜的人眼光要长远，境界要高深一些。

其实，真正成大事者无不是善于吃亏者。善于吃亏者可谓是那种参透了名和利、得与失的人。越是无视名利，名利反而越垂青于他。这也应了“一个人的心胸有多大，他做成的事业就有多大”这句话。

李嘉诚从小就教育李泽楷：与别人合作，假如对方拿七分合理，八分也可以，那么李家拿六分就可以了。

李嘉诚的意思很明显：李家吃亏，让别人赚了，就能赢得更多愿意与李家合作的人。李家虽然只拿了六分，但是却多了一百个合作人；如果李家拿了八分，这一百个人很可能就会锐减到五个人。结果是亏是赚可想而知。

李嘉诚一生与无数人进行过或长期或短期的合作，每次结账的时候，他都是坚持“吃亏是福报”的原则，如果生意做得不理想，他就分文不要，甘愿吃亏。这种吃亏的气量和风度，使商业对手们也都愿意与他合作，使他最终成为商场中的不败商神。

吃亏是福，是智者的智慧。如果你是老板，能让手下人跟着你有奔头、有好日子过，而不是悭吝成性，随意克扣工资、提成，他们就不会对你朝三暮四，他们会鼓足干劲发挥聪明才智为公司效力，因为他们知道老板生意好了他们才会好。对生意场的伙伴也当如是。

在职场中，“吃亏就是占便宜”是屡试不爽的黄金法则，它不仅可以积累你的工作经验、提高你的做事能力，还能扩张人际网络，充实你的生活。

小段是医学院的高材生，毕业后在一家私立医院工作。他做的工作极其琐碎和枯燥：每天就是在电脑前输入大夫们的方剂，给老大夫抄方子，然后每月统计他们的工作量。他觉得心里空荡荡的，看不见未来的一丝曙光。

他把这些烦恼说给一个熟识的饭店老板听。老板静静地听他说完，对他说：“年轻人，我给你讲讲我的故事吧。

“我家里穷，所以初中毕业，我就上了技校学厨师。在学校的时候，我的成绩是最优秀的。所以我觉得毕业后，到一个饭店当厨师绰绰有余。但是我应聘的那家饭店不缺厨师，只能让我做端菜的工作。我就想啊，端菜也行，可以观察一下他们厨子的作品，看看有没有一些学校没有学过的菜系和花样，果然，我学习到了很多。饭店忙的时候，我就到后厨帮忙，虽然拿的还是端菜的钱。”

老板继续说：“当时我虽然很自信我的能力，但是我总要填饱肚子，所以我就忍着接受了。后来，一个厨师辞职，我就建议老板让我试一试，不试还好，一试，他们就知道我的水平了，我比那个辞职的厨师手艺还高。我有端菜的经历，我对顾客的口味、爱好比较了解，所以我就建议老板用我设计的菜系和品种。果然我的设计为饭店招徕了更多的客人。我在那家干了5年，赚了我人生的第一桶金，于是，我就用这笔钱开了现在的这家饭店。”

“所以，你现在干的活一点也不吃亏。你可以留意下大夫的门诊，看哪个大夫病人多，病人越多就说明他医术高超，你就可以特别留意他们开的方剂、方子了，这可是他们一生的经验啊，这些经验别人想学还没机会学呢？这些都是无价之宝，你要善于学习和利用啊。相信我，你一点一滴不断积累的努力，到某一天、某个节点的时候可能就会给你带来突破。命运不会让你吃亏的，命运可能会在更高更远的地方给你以补偿。”

是的，我们看似“吃亏”的地方，但命运总会在某处给我们以补偿。做生意的，吃了亏，赚得少了，但是赢得了更多的合作伙伴；老板对员工大气了，吃亏了，但是赢得了手下人的忠诚和卖力；朋友让自己吃亏了，他就欠了我们一个人情，他一定会在某处补偿你，至少你的朋友会越来越多，人生路不会越走越窄。因为吃亏的背面就是福气，接纳了吃亏，也就进入了福地。学会了吃亏就是懂得了纳福之道。

一个人幸福与否，往往取决于他的心境如何。如果我们用外在的东西，换来心灵上的平和，那无疑是获得了人生的幸福，这样的“吃亏”便是值得的。

庄子云：“人生天地之间，若白驹之过隙，忽然而已。”让我们学会吃亏，懂得吃亏，敢于吃亏，不要把心思浪费在耿耿于怀、钩心斗角、恩怨是非中，所以，吃亏是一种糊涂的智慧，更是一种福气，还蕴藏着做人处世的道理。

每一次忍让，都是一种造就

世出世事，莫不成于“慈忍”，败于“忿躁”。

故君子以“慈”育“德”，以“忍”养“情”。

——弘一法师

佛说：“万种修行方法中，忍让第一。”《佛遗教经》说：“能行忍者，乃可名为有力大人。若其不能欢喜忍受恶骂之毒如饮甘露者，不名入道智慧人也。”

《菩萨戒经》里记载，佛陀在过去世修行的时候曾经被五百个“健骂丈夫”追逐恶骂，而佛陀的态度始终是“未曾于彼起微恨心，常兴慈救而用观察”。这种修持最后使佛陀证得无上菩提。《六度集经》里记载了忍辱仙人的故事，可以说是惊天地泣鬼神，读来令人荡气回肠。

一个修忍辱的修行人，住在山洞里修禅。那个地方的统治者名叫歌利王，歌利是残暴的意思，歌利王以他的残暴而得名。

有一天，歌利王到山中打猎，不知不觉循着足迹来到了修行人的地方。他向修行者询问鹿群的去向，但修行人想：“众生没有不贪生怕死的，如果我告诉大王鹿群的去向，不就是像大王那样残暴不仁了吗？但是如果不说，就是说谎，就是欺骗别人。”

他的犹豫、迟迟不答让国王很生气，国王认为他是在藐视自己，心头火陡然窜起，就厉声问道：“你是什么人？”

修行人说：“我是忍辱仙人。”

听完修行人的名号，歌利王就狂笑起来：“好一个忍辱仙人，我倒要看看你能忍多少，忍到什么时候？”说完就拔出佩剑，擦擦两声，就割下修行人的两个耳朵。

见修行人毫无反应，国王更加生气了，此刻他已经丧失理智，他又乱剑砍下修行人的双臂。

忍辱仙人此时想的却是：“我上求佛道，与世无争，大王对我尚且忍心下手，更何况是对老百姓呢？”于是暗暗发愿：“有朝一日，我若成道，一定先来度化大王，不让百姓牵连受害。”

国王见他岿然不动，既感到奇怪，又感到恼怒，就再次问他的名号，但是修行人仍坚毅地回答：“我是忍辱仙人。”

就这样一问一答间，修行人的耳、手、足、脚、鼻子都被砍下，血流如注，痛苦不堪。

这时，天地为之震动，众神愤慨，连鬼神们都想要来摧毁这个国家，以谴责国王的罪行。但是，修行人却劝阻道：“我今天有此劫，是因为在往昔无数劫中，我因不奉行佛教，曾经残害过他，所以才会有今天这样的果报。如果今天我以怨制怨，以暴制暴，那么冤结就没有结束的一天。”

百姓们知道了这件事情，都非常痛恨国王的暴行。修行人却说：“虽然国王对我如此残暴，但是我一点都不怨恨他，我的内心反而很怜念他，就像慈母怜念自己的孩子。”

修行人转而对国王说：“你是我最大的恩人，没有你，就不能成就我的忍辱波罗蜜。我将来成佛后，第一个度化你。”

战战兢兢的歌利王说：“你说你不怨怼我，可否发个誓愿？”

修行人朗声说道：“如果我所言不虚，那么请让我的身体平复如初。”

说完，修行人的身体就恢复如往昔，没有丝毫损伤。

忍辱仙人就是释迦牟尼佛行菩萨道时的前身。

佛陀忍辱负重，终于修得正果。忍辱不是一般意义上的“忍受”“忍让”和“忍耐”，但却涵盖了一切意义上的“忍”，成就了圆满的忍力。

我们一般人没有佛陀那样的忍辱遭遇，但是需要有佛陀的忍耐意志和忍力，因为通往成功的必经之路就是忍耐苦难。

《景行录》里说：“片刻不能忍，烦恼日月增。”能忍得下挫折，表示你有力量，能担当；能忍得住诽谤，就能专心做事，最后成就大器。很多人为一件小事拔刀相向，为一句闲话而耿耿于怀，一点小小折磨就受不了，这样的人无论做什么事都不能达到目标。

所以，把一切外来的荣辱毁誉都看作事业中的增上缘，这样才能成就一番事业。换句话说，你能把忍的功夫做到多大，将来的事业就能成就多大。

小于是个文案高手，做企划多年，跳槽到一家大型的电子公司做企划。那家公司企划部经理比他先来几个月，通过一段时间的相处，他知道那个经理自身存在很多问题，业务能力很差，只会耍嘴皮子、玩些政治，而且心胸极其狭隘，完全是拿领导身份压制下属，一点都不尊重人。工作中稍有差错，他就会当着众人的面把你训得下不来台。为此，之前有几个企划受不了，和他大吵一通后就走人了。

小于也很看不惯这个舌头板子压死人、自己还没啥能耐的经理，但是他知道，要么他也像其他人那样，与经理激烈吵一架，然后走人；要么就是忍辱负重，等待时机。他权衡再三，最后选择了忍耐。

一年以后，他们企划部并没有拿出多少有影响力的企划文案，老总也暗中调查了那个经理的能力和管理水平，所以找个机会把那经理开除了，然后启用了小于。因为小于不仅有亲和力、与客户沟通融洽，文笔也过硬，所以老总愿意给他一个机会。

小于就这样等来了自己的天日，等来了自己的机遇。之后，凭借着多年的经验和笔杆子，他很快把业务开展起来，为公司创造了很大的经济效益。又过了几年，他被提拔为公司的副总经理，过上了有房有车的生活。

君子能忍，必成大器。小于的成功就是因为当初的忍辱负重，终于守得云开见月明。每一次痛苦的忍让，都是命运雕刻师对你的造就，忍住了，就有石佛被万人膜拜的那天，没忍住，就只能沦为万人践踏的铺路石了。

很多人认为“忍”是懦弱，会被周围人嘲笑。其实，“忍”是一种沉静的力量，就如韩信当年的“胯下之辱”，也如越王勾践忍辱偷生、卧薪尝胆。

“忍”字是心上一把刀，锋利的刀口刺向心脏，那当然是很痛苦的，但是下面的“心”字却是四平八稳、如如不动的样子，这种不动心就是忍耐的意义。

“忍”是每个人必修的功课。让我们学会承受痛苦、学会忍耐吧，哪怕只有痛苦、寂寞、清贫相伴，我们也要一直忍下去，直到成功。

倒推生气的后果

缓字可以免悔，退字可以免祸。

——弘一法师

茂密的森林里住着两个精灵，她们毗邻而居。一个精灵叫“生气”，一个精灵叫“不生气”。

名叫“生气”的精灵脾气很不好，为一点芝麻小事就能暴跳如雷。比如别人人缘好、朋友多，她会生气；别人本领强、能力大，她会嫉妒；别人长得比她漂亮、高大，她心里会不舒服；看见别人比她快乐，她会生气；看见别人得意，她就会更生气……，她好像看什么都不顺眼，好像别人都欠她什么似的。因此她的朋友很少，她也时常觉得孤单。

时间久了，她也变得自闭起来，不喜欢主动找人说话，不喜欢与别人在一起，因为她实在看见什么就生气什么。于是，上帝就惩罚了她：只要“生气”以后再生气一次，她的身体就会矮一截。但是尽管如此，她还是天天生气。

有一天，她看见“不生气”正与很多朋友在路上开心地说笑着，她就过去询问“不生气”：“为什么你遇事总是不生气呢，你有什么法宝吗？”

“不生气”听了，就笑着说：“就你凭你这个矮个子，还敢质问我？”

"生气"听了这充满挑衅的话，肺都气炸了，她生气地说："看我不打死你。"说着就朝"不生气"打去。

"不生气"淡定地说："一念生气，一念不生气。"

"生气"脑子被这句话充满了，但是她听不懂，所以还是生气。

她孤独地回到自己空荡荡而略显高大的小木屋里。其实，这是因为她身体缩小了，反趁得房子高大而空旷了。

有一天，"生气"实在太憋闷了，就去外面转转。谁知，没走几步，她就被一个小石头绊住了，摔得四脚朝天。于是，她就又发作了。她捡起一块石头就朝天空扔去。但是没扔几块，她就拿不动小石头了，因为她变得越来越小。

同时，她也吃惊地发现，眼前尽是一个个的巨人！她必须左躲右闪，才能免遭巨人的踩踏。惊慌的她赶紧飞奔回家。

人们已经很难再在森林中看见"生气"了，因为自从那次回到家后，她对镜自览，看着如拇指般的自己，她觉得自己受到了奇耻大辱，她又一生气，就变成了一粒尘埃。如果你有放大镜的话，看着微如尘埃的"生气"精灵，说不定此刻她不是在皱眉头生气，就是在后悔沮丧呢！

"生气"精灵心念不平和，一次又一次地"生气"，最后只能是这可笑的结局了。

现在生活忙碌，很多人很容易变成一点就着的"炸药包"。殊不知生气之下，就会如"生气"精灵般，生气的结果绝非是自己想要的。

有个小女孩升级考试考的很不好，老师建议家长让她留级。那位爱生气的父亲就狠狠地扇了女孩一耳光，从此，女孩的双耳就失聪了。

父母带她看了很多耳科医生，都没有看好。

那个父亲懊悔极了。女儿一生都需要戴助听器，而他一生都活在无限的懊悔之中。

所以，想生气的时候，不妨倒推下生气的后果。不妨把生气的结果多往坏处、严重处想想。虽然有点损，但对抑制自己的坏情绪还是有一定疗效的。

比如，生领导的气时，不妨想想：这工作不过一碗饭，何必与老板生气呢？再说，有稳定的工作，才能积累自己的能力和经验，才能还房贷，才能给家人一个坚实的依靠，还能提高自己的心性，像佛陀那样修炼自己，自己忍忍又如何呢？如果没有工作，一切都将从何谈起呢？沉得住气才能有未来，如果镇不住自己，可能十年后自己还是这副阿斗状，成熟的职场人都不会与领导发脾气。

领导生员工的气时，不妨想想：我为招聘、培训他们付出了那么大的心力，他们犯了如此大的错误，难道就这样让他们不负责任地带着怨气离开吗？员工的错误一定程度上也是他们的业绩，他们有这次教训，以后就不会再犯同样的错误。团队的错误也是自己的错误，自己要带头检讨才对。再生气也不能解决问题，还是忍忍，以大局为重吧。不忍，气坏自己的身体就更不划算呢？

你与朋友在外面吃喝玩乐，频繁接到妻子的催命电话或短信，你不妨想想：妻子一生气，就会愁容惨淡、乳房疼痛，甚至会酒后开车，万一有个三长两短，那自己罪过就大了。

孩子贪玩调皮，学习不好，你想体罚或者语言暴力，你不妨想想：孩子幼小的心灵怎么能承受得住，如果孩子因此自闭、得抑郁症，或者离家出走，若是因此失去了孩子，你会怎么样，老人会怎么样。

自己费心费力办成了朋友交代的事，但是粗心大意的朋友反而忘了这件事，你很生气。这时，你不妨想想：我所做的一切不是为了其他任何人，而是尊重我自己。为这点小事就对朋友发脾气，我太小气量了，太不值得了，如果没有朋友，那自己的生活该多寂寞郁闷啊。

所以，生气前，多深度倒推下生气的后果，比如人际关系矛盾、家庭冲突、声望差、决策失误、无法集中注意力、效率降低、不得不去补救，如果不是自己想要的结果，那么就不要那样发泄自己的坏情绪了。

唯有慈悲可以化解仇恨

人之侮我也，与其能防，不如能化。

——弘一法师

仇恨是一把无形的剑，不仅伤人更伤己。如果我们心怀怨恨，总是念念不忘别人的坏处，那么我们的心灵何谈真正轻松呢？轻则自我折磨，重则可能导致疯狂的报复。古人云："冤冤相报何时了，得饶人处且饶人。"只有慈悲为怀，既往不咎，才可能帮自己甩掉沉重的包袱，让自己大踏步地前进。

一位女歌手被自己好友横刀夺爱后，心里充满了对他们两人的怨恨，强烈的报复心不仅使她的性情大变，她娇美的容颜也发生了很大的变化：她的皮肤变得黯淡无光，还滋生很多皱纹，表情也僵硬起来。

跨年演唱会在即，她邀请了业界非常有名的化妆师为她化妆。

娱乐圈的事总是被炒得沸沸扬扬，街知巷闻，那位化妆师也耳闻了这位女歌手的遭遇，于是就十分中肯地对她说："亲爱的，我知道你最近发生了不快的事，但是事情过去了，就是过去了。你如果不放下心中的仇恨和满腔怨气，我敢说就是全世界最好的美容师也无法美化你的容颜。"

化妆师的话可谓是一语惊醒梦中人。她沉痛地想："是啊，我心中的仇恨只会伤害到自己、折磨自己，我这不是让他们看我笑话吗？爱若去了，就由它吧。我要打起精神，重新振作起来，这才是对那对狗男女最好的报复。"

从此，女歌手就变回最初的自己，不，可以说比以前的自己还要优雅，还要自信，还要美艳，没多久，她的阳光心态就为自己迎来了真正的惜花人。

女歌手的优雅蜕变就如佛家所说的"心如工画师，能画诸世间，五蕴悉从生，一切唯心造"。我们的心就是世界上最优良的画家，能把万事万物描绘得真切而实际，何况我们的容颜呢？把自己的那颗心管好、照顾好，它自然能帮我们画出绝美的容颜，即便那不是最美丽的容颜，那也是最可爱、最坚强、最自信的自己。

所以，人要有放下过去、"不念旧恶"的精神，用原本善良的本性去抵抗仇恨，化解所有的痛苦，才能感受到生活的温暖，也才能活得轻松快乐。

《入菩萨行论》中说："故于害我者，心应怀慈愍，慈悲纵不起，生嗔亦非当。"意思是说：对于伤害我的人，内心应怀慈愍，即使对他们生不起悲心，也不能对他们生嗔恨心。《优婆塞戒经·禅波罗密品》中说："若能观怨一毫之善，不见其恶，当知是人名为习慈。"意思是说："如果一个人能看到怨家一丝一毫的善处，不追究他的恶处，这人就已学会了慈悲。"下面这个故事就很能说明慈悲化解仇恨的永恒的至理。

在一个与世隔绝的小山村，有两户人家三代为仇。可以说，只要两家人一照面，就会拳打脚踢，闹得鸡犬不宁。

一个晚上，两户人家的男主人都赶集回来，他们谁也没理谁，只是一前一后地走着，中间相距几米。走着走着，后面那人突然听见了前面那人"哎呀"

的惨叫声，原来是前面那人不小心掉进了溪沟里。后面那人想：“好歹是条人命啊，我怎忍心见死不救呢！”

一刹那的思想斗争后，他就快步走上前，急忙从路边柳树上折下一段柳枝，迅速递到前面那人手中。前面那人上岸后，正想说“谢谢”时，忽然发现救自己的人居然是自己的仇家。

他很疑惑，就问道：“你那么恨我，为什么却要救我？”

后面那人平静地说：“因为你救了我，所以我要知恩图报。”

这更让前面那人摸不着头脑了，不解地问：“我什么时候对你有恩过？”

后面那人说：“就在刚才。如果不是你大叫了一声，下一个掉进溪沟里的人肯定就是我了。所以，真要感谢的话，也当是我先感谢你。”

还没等他说完，前面那人就紧紧地握住了他的手。这一握，两家的恩恩怨怨就烟消云散了。以后两家人再见面，就“相视一笑泯恩仇”了。从此，山村也恢复了久违的静谧。

可见，人世间是没有什么事不能和解的，就像这两户人家，只要一方主动伸出和解的宽容大手，愿意消解彼此的仇怨，那么他就会少一个敌人，多一个肝胆相照的好朋友；世间也会多几分温暖、几分和谐。

老子说：“上善若水，水善利万物而不争。”慈悲心就如水，是征服人心最好的武器，它能把人从怨恨的苦海中解救出来。其实，怨恨别人本质上是一种无能之举，因为你没有能力原谅别人，也就是没有能力原谅自己。

与其怨恨，不如学会慈悲，还能避免被别人再次伤害。有一首诗说的好：“慈心一任蛾眉妒，佛说原来怨是亲；雨笠烟蓑归去也，与人无爱亦无嗔。”只要我们心存一念之慈，万物皆善；只要我们心存一念之慈，万物皆庆。让我们“心如大海，广植净莲。一双无事手，为作世间慈悲人”。

百病皆由心生，百病须由心解

以虚养心，以德养身，以仁义养天下万物，以道养天下万世。

——弘一法师

无形无相无色的“气”究竟是什么？“气”在中国传统文化中，是一个独特的概念，老祖先认为万事万物都是由“气”生成的，如《周易·素辞》说：“天地氤氲，万物化生。”认为气是构成宇宙的最基本物质，也是构成人体、维持人体生命活动的最基本物质。

气的概念在中医学中有着非常完美的诠释。

《黄帝内经》说：“何谓气？岐伯曰：上焦开发，宣五谷味，熏肤、充身、泽毛，若雾露之溉，是谓气。”意思是说：人的“上焦”（对应心肺），把我们所食用的食物精华传布到全身，像雾似露一般滋润、灌溉着五脏六腑和皮毛，使之得到营养，这就是“气”。

气的运动在中医学里称为气机，其运动形式可用升降出入加以概括。

气的升降出入运动如果协调平衡，称作气机调畅，如果平衡失调，则是气机失调。

气机失调有多种形式。例如，由于某些原因，使气的升降出入运动受到阻碍，称作气机不畅；气在某些局部发生阻滞不通时，称作气滞；气的上升太过或下降不及时，称作气逆；气的上升不及或下降太过时，称作气陷；气不能内守而外逸时，称作气脱；气不能外达而结聚时，称作气结。

中医认为：喜、怒、忧、思、悲、恐、惊七种情志活动是人体对外界环境的生理反应，正常情况下是不会直接致人于病的。但是，倘若情志活动剧烈、过度，超越人体所能够承受的限度，并持久不得平静，那就必然影响脏腑气血功能，导致全身气血紊乱。如《素问·举痛论》说："怒则气上，喜则气缓，悲则气消，恐则气下，惊则气乱，思则气结。"又如"怒伤肝、喜伤心、思伤脾、忧伤肺、恐伤肾"等，都说明了七情的过度偏激对人体的气血、脏腑均有一定的损害。这就是中医"百病皆由心生"的理论。

医学人士认为，在现在人们所患的疾病中，70%左右都是心身疾病，也就是由心情引起的身体疾病。人的各种心情就宛如体内气血波动的风向标，稍有变化，就会带动体内气机的变化，从而导致疾病或加重病情。下面这个故事就说明了心理对人身体的极大影响。

一个年轻人毕业半年多，还没找到合适的工作，为了节省开支，就搬回家里，与父母同住。父母刚开始不便说什么，可是日子久了，就劝他不要再挑剔了，先干着养活自己再说。他一听到父母这些话，就怒不可遏，之后就把自己关在小屋里，不是吸烟，就是喝酒，再就是玩电动，整天不吃不喝的，没有几个月的功夫，人就瘦得皮包骨了，不久就因为肝硬化住进了医院。

他很敏感，疑心特重，一听到别人在讨论病情就焦虑；一看见医生皱眉头，他就疑心自己的病加重；一看见有病人被抢救，他就心跳得不行，这样他的心理负担更大，因此他的病情始终不见好转。

曾有记者专门做过问卷调查，他随机采访了30个普通人，结果发现，有26位曾经因心情不好而头晕、胸闷、胃痛等；有2位因为长期心情抑郁而直接导致重病不得不入院治疗；还有2位曾经在生病住院的时候很注意调节情绪，特别想得开，结果身体恢复得特别快。

可见，百病皆由心生，百病也须由心解。一个女知青为我们讲述了她早年的故事。

那是一个夏日的一天，我和当地农民一起钻进一人多高的庄稼地里干活，我不仅浑身都湿透了，还热得透不过气来。

已经中午12点了，我们那个死心眼的队长还不让我们收工，非得等干完，才让收工。我就很生气，一边在心里狠狠地骂着队长，一边在抱怨，为什么那些农民不说一句呢，我就这样又气又恨地干着，好不容易干完了，当我走出田地时，我眼冒金星，当场昏倒。

后来，村民把我放到一个有水的阴凉地，我才渐渐清醒过来。

我难受得哭了起来，就问一个70多岁的大婶："您这么大岁数了，还这么结实耐热，您是怎么做到的啊？"大婶平静地说："我们都习惯了，不热庄稼怎么长呀。"

等回城后，我一直在思考大婶当年说过的话，慢慢就想通了："她那是坦然地面对现实，自然就不会心生抱怨和愤怒，就能心静自然凉了。夏天的炎热属于自然现象，这是任何人都不可改变的外在环境，更重要的是，她知道那样炎热的气候对庄稼的生长有好处，这也是农作物的需要，这些都属于再自然不过、不可违抗的事，所以人何必动怒，何必生气呢？"

以后我遇事就想着大婶说过的话，慢慢地，就能泰然地看开、看淡很多事情，不知不觉中，头晕、恶心、心悸、胸闷等不适现象就没有了，某些陈旧的疾病也慢慢好了起来。我还会从心底产生一种非常舒服的海阔天空般的美好心情，这提高了我的心性，也让我更深刻地体悟了人生。

我现在60岁了，我相信我健康的心态迎来的将是以后生活的幸福和快乐。

由此可见，成也心情，败也心情。

医学专家还提醒我们：让人生病的不仅是坏心情、坏情绪，太亢奋的情绪也会让人得病，这在老年人身上尤为明显。比如老年人在过大寿的时候，当自己想的念的人都齐聚在身边，心情太过激动、亢奋，这样就特别容易血压突然升高，出现胃痉挛，甚至引起突发性心脏病、脑梗死等重大疾病。

所以，人要管好自己那颗心，莫让它起伏太大、太剧烈，这样我们就能不生病，或者少生病。即便生病了，也要尽可能地调整好自己的心情，以乐观稳定的情绪、平静的心态对待自己的病情，这对康复有很大的促进作用，能加速病情的好转和恢复。

不生气，要争气

逆境顺境看襟度，临喜临怒看涵养。

——弘一法师

只要是人，一定会遇到不如意，就一定会生气，就连一个刚满月的婴儿也会发脾气。但是愤怒只会蒙蔽人的理智，发泄愤怒的代价，就是让我们为不值得的人或事而毁了自己。这就是愚蠢之人的蠢行了，因为真正聪明的人懂得去争取，去争气。

在西藏，有一个年轻人很爱生气，但是他生气时有个怪癖，他不是去找人理论，打压对方的气焰，而是一生气，就以最快的速度跑回家，然后开始围着自己的房子和土地绕三圈。跑完后，他就会坐在地上喘粗气。之后，他就会非常努力地工作，这样他的房子就一天天变大，土地也一天天变宽广起来。

但是无论房子变多大，土地变多广，他的这个癖好始终没变过。

所有认识他的人都不解，就问他为什么每次生气都要绕房子和土地跑三圈呢，但是不管谁怎么问，他都不愿意如实道出原因。

这个年轻人现在已经满鬓斑白，变成了老人，但是每次他生气时，他还是会绕着房子跑三圈。只是与以往不同的是，他是拄着拐棍围着房子走，他足足走到太阳下山才走完三圈，他的身后跟着可爱的孙子，他陪着爷爷走完了这全程。

孙子就问了很多人曾经问过的问题，这一次，老人说话了。

他平静地说："我年轻的时候，脾气比较急躁，动不动就会与人起争执，跟人吵架，于是，我就绕着我的房子跑三圈，我边跑边想，我的房子这么小，土地这么少，我为何把时间和精力放在与人斗气上呢？这样我的气就消了，我就开始努力地工作。"

"等房子变大了，土地变广了，我变成村里最富有的人了，我生气时还绕着房子跑，这时我就想，我房子这么大，土地这么多，我何必与人计较呢？这样想着，我的气也消了。所以，我这一生，只要一生气就绕着房子和土地跑。这就是在不断提醒自己生气不如争气，生气只会浪费自己的时间和精力，让自己陷入虚无、纠结的情绪状态中，这是最无聊和最无意义的事了。"

孙子"继承"爷爷的怪癖，与人生气时也这样做着，不到30岁，孙子就由村子首富变成了省城首富，他还在继续努力着。

这位老人的做法最接近禅的大智。我们一无所有时，何必与人生气呢？闲人才会生气，你有那么多闲情逸致吗？

相传陈鲁豫刚毕业那会儿，曾经去机场一个广播电台应聘主持人。

当她走进面试房间，面试官看见她的刹那，摇了摇头。他的潜台词是：这么瘦小的人怎么能做主持人呢？

陈鲁豫看清了那个头部语言，没有说一句话就转身而出。她的潜台词是：

“我为何要与以貌取人的人生气呢？我相信自己一定可以做好主持人。”

她用她后来的行为和成绩告诉当年那位面试官：瘦小的人一样可以做主持人，而且可以做得比很多人都要好。

所以，生气不如争气，有生气的时间和精力，还不如用在自己的工作、学习和事业上，这样既拓宽了自己的知识结构，增长了自己的能力、工作经验，也能给那些看轻自己的人以有力证明。这才是真正为自己好，自己也会越来越好，不是吗？

成功一定有过程，这过程就是从生气到不断争气的努力过程；成功一定有方法，这方法就是从放任情绪到控制情绪。

所以，任何时候，都不要生气，要控制自己的情绪，将自己调整到最佳状态，才能做得更好。一个人让自己快乐的最好办法莫过于争气，去做得比别人更好，让自己变得更加强大。

第六章

不失控：

心地清净方为道，退步原来是向前

认识情绪，掌控情绪

接纳坏情绪，活得更从容

平和的情绪胜过一百个智慧

别被他人的不良情绪左右

放得下，拿得起

有效地表达自己，不失控

……

认识情绪，掌控情绪

心志要苦，意趣要乐，气度要宏，言动要谨。

——弘一法师

佛家认为：情绪就是情之绪、心之绪。“绪”就像是从衣服里抽出一根根的线来，一直抽、抽、抽，所以心情之绪，就是我们心的千头万绪，心的一个连续变化，此之谓情绪。并认为在还没有修得正果以前，我们的心都一直在动，等到动荡不安时情绪便发作了。

佛法把情绪分为两大类，一类为善，主要分为惭、愧、信、精进、无贪、无嗔、无痴、轻安、不放逸、行舍、不害等；一类为不善，主要分为根本烦恼（主要表现为贪、嗔、痴、慢、疑、不正见等）、小随烦恼（主要表现为忿、恨、恼、覆、诳、谄、骄、害、嫉、悭等）、中随烦恼（主要表现为无惭、无愧等）和大随烦恼（主要表现为掉举、昏沉、不信、懈怠、放逸、失念、散乱、不正知等）。

佛家提倡用修行将情绪由负面转为正面，再转为清净心、慈悲心、智慧心。这样就能控制自己的情绪，而不被情绪所控制。

一个人脾气很暴躁，情绪每天都不佳，这给他的工作和生活带来了严重的困扰。所以，他就去山上求见一位著名高僧。

他满脸烦躁地重重地推开寺庙的大门，大门“砰”的一声就掉了下来，这吓坏了在场的每一个人。因为远道而来，他的鞋带纠成一团，他很费劲地解开鞋带，并用力地把鞋子脱了下来，狠狠摔到一个角落。他的恶劣情绪一直没有改变，直到他见到一直都想见到的高僧。

他非常礼貌地向高僧致意，但是高僧却对他生气了，说：“我现在情绪很坏，不能和你平心静气地说话，除非你先向被你弄坏的那扇门和你的鞋子道歉。”

这个人听了，脸上就挂不住了，就有点生气地说：“大师，您是在跟我开玩笑吧？门和鞋子又不是人，他们难道也有受辱的感觉？”

高僧说：“不管是人或物，都有被尊重的必要，当你无端把你的坏情绪加诸在他们身上时，他们同样也会生气，只是物不能言说而已。你应该准备好向他们道歉，否则，我也没有必要尊重你，更不必和你深谈下去。”

这人想：“我跋山涉水就是为了见到高僧，我怎么能够因为这点小事就断送掉这次谈话呢？”

想着，他就走到鞋子面前，蹲下来说：“鞋子，对不起，我能来到大师面前，你出了很大的力，我不该那么无礼地对你，请原谅我。”然后他又走到那扇已被损坏的门前，说：“朋友，我刚才太鲁莽了，我向你道歉。”

之后，这个人不知不觉就觉得轻松起来，刚开始觉得的很滑稽的感觉一扫而光，都被一股突然奇妙的感觉所代替，他的心境慢慢变得很平和，他没有想到，一个小小的动作，一句简单的道歉言语竟然对转变自己的情绪有这么大的作用。他与高僧的深谈自然妙不可言。

高僧佯装生气意在点化那人：遇见坏情绪，要先认识它，然后让它缓和下来。

缓和情绪，在佛学上叫作“止情绪”，即止散乱心。怎么止法呢？就是把心作意在善的、清净的、好的对象上，这个就叫“止”，让心不散乱。用在生活中，就是凡事多看别人的优点，多看别人对自己的善行，多站在别人立场上思考问题，这样就能缓和自己的坏情绪。

然后是“观”，即关照我们的内心。以这种不散乱、专注的心来观察自己的身心五蕴，观察一切情境，就能够生发出智慧，就能够了解一切皆是缘起性空，从而作出理性的最利于自己的决定。

能把自己的情绪照顾好的人，人缘一定会好，各方面的帮助力量也会源源而至，最后一定会成功。

照顾情绪，就是心理学上所说的“情绪管理”。亚里士多德曾说过：“任何人都会生气，这没什么难的，但要能适时适所，以适当方式对适当的对象恰如其分地生气，可就难上加难。”所以，情绪管理是指要看时间、场合、地点，对什么人采取什么方式表达自己的情绪。因此情绪管理可以分为如下五个方面。

1. 觉察自己的情绪。有了负面情绪，能立即觉察出，了解情绪产生的原因。可以时时提醒自己注意：“我现在的情绪怎么样？”这是自我理解、认识自己情绪的前提。

2. 调控情绪。能安抚、激励自己，让自己尽量摆脱因为失败或不顺利而产生的强烈的焦虑、沮丧、激动、愤怒或烦恼等消极情绪，这也是能控制刺激情感的能力。

这种能力的高低，会影响一个人的工作、学习与生活。如果自我调控能力低下，我们就会让自己总是处于负面的情绪旋涡中。而如果调控情绪能力强，我们就能迅速调整、控制并摆脱坏情绪的纠缠，从而重新振作，并让自己朝一定的目标努力。

舒解情绪最好的方式是在情绪缓和下来后，勇敢地面对痛苦，多问自己几个为什么，比如“为什么这么难过、生气？”“我怎么做才能避免将来重蹈覆辙，怎么做可以降低我的不愉快？”“这么做会不会带来更大的伤害？”根据这几个角度去选择适合自己且能有效舒解情绪的方式，你就能够掌控情绪，而不是让情绪来左右你！

3. 识别和理解别人的情绪。具有同情和理解别人的心理，这样就很容易进入别人的内心世界，与人共情。

4. 适当表达情绪。情绪总要找个出口，不然就会危害到我们身心的健康。

举个最平常的例子。比如我们与人约会，对方迟到了，你很生气。你如果指责他不考虑你的感受，他就会找出貌似很多合理的理由，比如路上塞车、临出门有点小事等。你不妨委婉地说：“你在约定好的时间没到，让我很担心，我害怕你在路上发生意外。”“适当表达”是一门艺术，需要用心去体会，去揣摩。

5. 学会营造融洽的人际关系。能够主动亲近别人，正确地向他人展示自己的情绪情感，协调、引导别人的情感，这样就能营造良好的人际互动模式，提升团队精神，使集体生活充满和谐与生机。所以富有亲和力的人最容易被社会接纳，最容易受到社会的欢迎。

认识了情绪，缓和了情绪，掌控了情绪，就能掌控自己的生活，凡事就会顺利圆满！

接纳坏情绪，活得更从容

应事接物，常觉得心中有从容闲暇时，才见涵养。

——弘一法师

孩子生病不吃饭，不吃药；孩子病好了或者不生病，也时常闹不吃饭；孩子不想上幼儿园；孩子顶撞父母或者父母责问孩子；夫妻间为鸡毛小事吵架拌嘴；员工抱怨铁公鸡的老板，老板抱怨不做事还提高要求的员工，公司中层抱怨难缠的合作伙伴；甚至，上下班堵车、坏天气等都能让人产生坏情绪。于是，坏情绪就君临天下，我们就只能匍匐在地，我们对这个暴君既抵触又深感无奈，为此，我们深陷无尽的坏情绪中。

如果让人在正面情绪和负面情绪中做选择，无一例外，所有人都会只选择前者，逃避后者。但是，情绪就像连绵起伏的大山，有高峰，必然有低谷。也正如星云大师所说："这世界是一半一半的世界。天一半，地一半；男一半，女一半；善一半，恶一半；清净一半，浊秽一半。"有好情绪必然就会有坏情绪，你只能接受好情绪，不能接受控制你的坏情绪，你拥有的就是不全的世界，毫无圆满可言。而且坏情绪就如"星星还是那颗星星，月亮还是那个月亮"，并不会因为你的惧怕、疼痛、失控、不好的表现而减少一分。

我们只有接纳而非取舍，承认我们自身的不完美，接纳自己的坏情绪，包容不完美的世界，我们才会拥有一个完整的世界，也才能拥有真正幸福愉悦的生活。

一行禅师说过："正念觉察是我们的一部分，负面情绪也是我们的一部分。我们不应该与负面情绪、对抗，而是应该像对待我们的孩子一样，接受它、拥抱它和安慰它。假如我们对抗忧虑和恐惧，我们的内心就变成战场一样，和敌人打仗一样。"一位哲人说：人们的坏情绪来自最深层的恐惧，要一层一层剥给自己看，问自己坏情绪来自哪里、为什么会出现坏情绪，渐渐地才能找到安心的力量，从而慢慢把坏情绪放下。

第二次世界大战期间，弗兰克先后被囚禁在奥斯维辛、达豪和其他几个集中营里。他可谓饱受凌辱，眼睛看见的永远都是屠杀和血腥，耳中听到的永远都是惨叫，无法抗拒的绝望、恐惧情绪笼罩着他，已经使他产生了严重的幻觉，比如晚上能否活着回来？能否吃上晚餐？鞋带断了，能否找到一根新的？这些不断闪现的幻想使他感到既厌倦，又无力反抗。

有一天，他终于清醒过来，他认识到：恐惧是自己唯一真正的对手，因为只有恐惧最容易打败自己。他开始一层一层地客观分析自己的现状，试着接受这个恶劣的环境，接纳自己的恐惧、绝望、幻想等坏情绪，慢慢地，长期处于压抑状态的他心境就舒展了很多，他发誓一定要控制好自己的坏情绪，否则难逃精神失常甚至死亡的厄运。

反复这样想着，他就强迫自己不再想那些倒霉的事，而是刻意让自己幻想自己走出集中营重新站上讲台讲课的场景，那教室多么宽敞明亮啊，自己的精神是那么饱满，这样想着，他僵硬的脸上就慢慢浮出一抹笑容，然后是大大的笑容。

之后，那些恶魔一样的“坏情绪”就没有再纠缠过他，直到他被释放，他的情绪始终都很平和，以至于他的朋友们都不相信从魔窟里走出来的人身心竟能这样健康。

这就是接纳的力量。当环境不能改变时，我们只有接纳环境，承认坏情绪，然后想办法跳出坏情绪，这样我们的身心才会舒展，心态才能平静和从容。

这个故事虽然有点极端，但是从某种意义上说，人不是活在物质里，而是活在自己的情绪和心态里。如果任由坏情绪打垮自己的精神，就真的没有人能救得了你。弗兰克接纳了非人的环境和恶劣情绪，就走出了厄运。

所以，当我们有坏情绪时，不要过多指责与评判自己，要像妈妈听到初生儿哭了，第一时间去很温柔地拥抱着他，这样才能帮孩子释放不安，让他舒服和感到安全。我们对坏情绪也应如此。

你不妨先对自己说：“我不开心很正常，没什么大不了的。”先完全接纳坏情绪，让内心平静下来。再看看坏情绪背后是什么。可能是一份失望，并伴随着悲伤。然后，问自己期待什么，期待别人还是期待自己，走到这一步，头绪基本上就能理清了，最后，收回对他人的期待，自己对自己负责。

这种简单的方法能稀释负面情绪。掌控情绪的方法还有很多，但前提是你要有对自己情绪的接纳与了解，了解情绪产生的原因、选择、转移、传导、释放、发展规律，然后你才会有情绪可以把握的信念。

所以，无条件地积极接纳自己的情绪并且关爱自己，学着体验、接受、感觉、表达和完善自己的情绪，我们就能做自己情绪的主人，可以毫无顾虑地悲伤，毫不愤怒地生气，就能在生活、工作和学习中充分体验幸福感。

平和的情绪胜过一百个智慧

做人要心态平和。

——弘一法师

情绪是一个人心态的外在表现。要想保持一个良好的情绪，就须有一个良好的心态。于丹教授认为，决定人生成功的，绝不仅仅是才能和技巧，而是一个人面对生活的心态。

生活中，真正有大智慧的人、真正幸福的人从来都是拥有平和情绪的人，请看下面六旬老太智取司机的故事。

一个老太太去大城市看望儿子，她知道儿子工作很忙，就没让儿子去火车站接她。她想：我一生什么事没碰上过，就算自己是刘姥姥进大观园，那也能勇敢地出入。她相信自己一定能搞定一切。

出站后，她扬手打了出租车，并告诉司机儿子的住处。让她没有想到的是，她遇见了一个比较鲁莽、爱显摆的司机。司机一路风驰电掣，仿佛在与别的车飙车技似的，有时超过了一个车，他还扬扬得意地吹口哨。当路过一个泥泞的坑坑洼洼街道时，在颠簸中，司机竟然把手伸到了车窗外，好像在随着车翩翩起舞。

另类的司机着实把这个“刘姥姥”吓住了，她背上开始冒汗。她一边生气，一边又开始着急，但是很快她就平和下来，她把自己调成和蔼的语气，对司机说：“小伙子，这地方是不是经常下雨？”

司机说：“是啊，老天爷就是小孩脸，说变就变啊。”

老太太就顺口说：“如果天下雨，我会告诉你的。请你把手拿进来吧。”

小伙子愣了一下，就笑了。

这个故事为我们塑造了一个自信乐观的小老太的鲜明形象。我们不禁为她的智慧所折服。她借由问天气貌似很家常式的聊天自然而然地说出了自己的想法。她的睿智离不开她平和的情绪和天生乐观的心态。所以，平和的情绪本身就是生活的一种智慧。如果她很生气，对司机严词提醒，那结果就很难讲了。

所以遇事不生气，用平和情绪处理，不仅能解决事情，还能皆大欢喜。为什么非要大动干戈呢？在平和情绪方面，林肯无疑是一个绝佳的例子，不管是处理战争问题，还是在日常生活中，他总是平和机智的，能瞬间转换自己或尴尬或不利的处境。让我们重温《鞋匠的儿子》，感受伟人平和情绪的魅力。

林肯是鞋匠的儿子，所以他当选美国总统的消息一传来，整个参议院的议员们都感到万分尴尬，因为他们觉得只有出自名门望族、上流社会的优越人才匹配得上尊贵的总统位置。

于是，在林肯首次参议院演说前，就有议员当众羞辱他：“林肯先生，在你演讲之前，我希望你记住，你是一个鞋匠的儿子。”这句话顿时引来所有参议员的大笑，他们为自己虽然不能打败他但是能羞辱他而开怀不已。

相信任何精神正常的人碰到这样羞辱的事都会很生气，林肯有那么一刹那紧锁眉头。但是在大家笑声停止后，他很平和地说："很感谢你使我想起了我过世的父亲。我一定会永远记住你的忠告，我是鞋匠的儿子。如果我做总统，能像父亲做鞋匠那么好，我父亲就会很欣慰了。"

接着，他转而对那个挑衅的人说："据我所知，我父亲以前也曾为你的家人做过鞋子。如果你的鞋子有什么问题，我可以帮你改正它。虽然我不像我的父亲是个伟大的鞋匠，但是我从小就跟父亲学会了修鞋的手艺。"

最后，他对所有的参议员说："对你们所有人都一样，如果你们穿的那双鞋是我父亲做的，而它们需要修理或改善，我一定会乐于帮忙。但是我要说的是，我无法像我的父亲那么伟大，他的手艺无人可比。"

在这平和而真诚的话语中，我们看到了一代伟人的谦逊质朴、宽容大度、睿智仁爱。他平和的情绪，层层推进的平和话语，不仅缓解了议员的内部冲突，更凝聚了人心，使执政党领导团结统一起来，为实现全国统一打下坚实基础。

弱者任思绪控制行为，强者让行为控制思绪。所以，今天我们要学会控制情绪，只有积极主动地控制情绪，让情绪平和，才能掌握自己的命运，把握自己的未来。

别被他人的不良情绪左右

一迷即梦想颠倒，触处障碍；一悟则究竟涅槃，当下清凉。

——弘一法师

人在生活中无时无刻不受到他人的影响和暗示，就像一个人张大嘴打哈欠，周围其他人也会忍不住打哈欠似的。情绪也具有这样的传染性，尤其是他人的负面情绪。

生活和工作中，我们总会注意到有一些人爱抱怨，很情绪化，似乎他的生活中从没有过顺心的事。无论任何时候，和这种人在一起，他们总是不提多少高兴的事，而总是把不顺心的事挂在嘴上。

小许就是这样的人。她总是向公司里唯一的好朋友小真展示她的负面情绪：下班结伴同行时，她滔滔不绝说的是她不幸的恋爱史和很多倒霉的事；上班间隙，她说的是以前工作中遇到的不快的人和事。

有时小真刚进入工作状态，准备大干一场时，小许的MSN就忽然闪来。刚开始小真忍住了，觉得小许一个人在北京打工很不容易，也没有同学和朋友，所以就耐心地劝慰她。

但是后来小真就没耐心了，因为小许又开始说现在公司的各种坏话了，不是说公司克扣员工工资、老板刻薄，就是说谁谁依靠关系上位，还对感情和婚姻持很悲观消极的态度，等等。小真客观帮她分析现状，她就是不改变自己，于是小许上班 MSN 就隐身，下班就借故加班，开始疏远小许了。

小真对着远去的小许背影说："你什么时候说过振奋人心的人和事啊，什么时候让我开心过，好像天下就你一个人最不幸似的。每个人都有不高兴的事，都只是忍住没说罢了。听你那么多情绪垃圾，我有时满脑子都是你那些破事，弄得我心情也不好，工作也没多大劲，还觉得人生了无意义。长此下去，我就是自毁前程、自甘堕落，所以我不得不躲避你。"

后来小许就和其他同事走近了，但是她说的还是小真早就听过的"老掉牙"的事情。久而久之，其他同事也不愿走近她了。

所谓"抱怨者，人恒远之"，无论什么时候，任何人都不会拒绝给自己带来积极影响的人，如果能从对方身上感受到强烈的快乐和积极乐观的情绪，人怎么可能会拒绝和远离呢？相反，那些总是让人不快，总是削减人积极的正能量、给人带来负面情绪的人，人们自然就会慢慢地疏远他们。因为与他们相处，你对一切本来确定的事情也会慢慢产生怀疑，对美好、正直、善良的东西不再信任。这就是消极的人打消掉你的积极性了。

所以，任何时候，我们都要尽量与那些负能量的人保持一定的距离，不要让他们的言行影响了你平静的心情和积极的心态。同时，还要提高对别人不良情绪、外界环境的抵抗力。一位老者就给我们做出了榜样。

飞机发生故障，机组人员正在紧急维修。机上人员已经乱成一团，大家都在痛苦地写遗嘱，只有一个老人在坐椅上静静地坐着。

空姐感到很惊奇，就问老人为何还能如此镇静。

老人说："事已至此，我还能做什么，不管你们工作人员能不能修好，此时我能做的就是保持自己的风度。"

飞机随时可能坠毁，老人的处境万分危急，但是他能做什么，与其慌作一团、痛哭流涕，被恐惧的不良情绪所攫取，不如让自己的心情保持平静，保持自己该有的气度。有这种气度的人无论在哪里，都会临变不惊，不为外界的风吹草动、流言蜚语所击中，这样的人就是成熟的、理性的、有主见的人，也是极易获得成功和幸福的人。

还有一个故事也说明了不为别人坏情绪影响的可行性。

小梁一次和朋友一块去药店买药。给他拿药的人好像吃错了药，对他凶巴巴的，但是小梁还是很有礼貌地说了声"谢谢"，那个人不仅没理他，还给了他一个臭臭的表情。

朋友很生气，就对小梁说："你看刚才那人摆那臭脸给谁看呢？你还给他好脸色？"

小梁笑着说："我说我应该说的话，至于他怎么回馈，那是他的事，不关我的事。我何必让他的坏情绪来影响我的好心情呢？"

一个人快乐与否是由自己决定的，为什么要让他人操纵我们的心情呢？如果因为别人的坏情绪而影响了自己，让自己生闷气，或者久久不能忘怀，那是多么不值得的事啊。

所以，如果想要不受别人不良情绪的影响，就应该坚持你所做的事情，凡事有自己的主见，有自己的价值观、评价标准，不去管别人说什么。

诚然，当你不得不与负面情绪的人在一起时，逃避不是办法，不如换个角度看问题，多看看他身上的优点，这样就能转移注意力，让自己心情好点。

长此下去，你就会变成不受别人情绪影响的强者，遇事会从容不迫、坚强有力，成为一个快乐的成功者。

放得下，拿得起

行少欲者，心则坦然无所忧畏，触事有余，常无不足。

——《佛遗教经》

现代社会，人们的物质生活比以前好了，但是心力交瘁的现象却普遍了。很多人不知道自己整天忙碌是为了什么，活着的意义到底是什么，于是食不知味，夜不能寐。其实，解脱之道只有一个，那就是：要学会适时地放弃，这样我们浮躁喧嚣的心灵才能回归最原始的平静和快乐。

一位讲师在给来自五湖四海的学员们讲述压力管理的课程。

他拿起一杯水，问台下的学员："各位知道这杯水的重量吗？"

台下顿时一片热烈：有的说20克，有的说500克。

讲师说话了："这杯水的重量其实并不重要，重要的是你能拿多久。拿一分钟，各位一定觉得没什么；拿一个小时，各位的手恐怕就会酸了；拿上一天，估计就要叫120了。"

台下顿时寂静无声，他们在期待老师的详解。

老师接着说："这就像我们的压力，我们每天的压力都是一样的，或者大同小异，但是我们如果一直把压力背负在身上，不管时间长短，到最后，我们就会觉得压力沉重得已经让我们无力承担。所以，我们要做的就是：拿起这杯水，拿一会儿，就放下一会儿，休息一下，如此我们才能拿得更久。承担压力也是如此，背负一段时间后，就要适时地放下，休整一段时间后，再有选择地重新拿起来，如此我们就能承担更久。”

学员听了，别有一番感受。

不管从事什么行业，我们每天都会有来自四面八方的压力，客户、供应商、同行、同事、公司、老板，还有我们的家人，这些压力有时会使我们心烦气躁，这种坏心情持续久了，人难免就会想放弃，这时我们就该学会适时放下。

有人会说：“我们毕竟都是凡人，心底都存在着一份自己无法克制的坚持和固执，我们会对爱情、金钱、权力、名利、地位放不下。”其实，正是这些身外之物牵绊住了我们，使得我们的人生过得异常艰难。

人生何其短，你何必执迷？要想不留遗憾在人间，我们就要学会当放下的时候就放下，当拿起的时候就拿起。随放随拿，随拿随放。当你真正领悟“放得下，拿得起”的真谛时，你就会明白放下的感觉是如此的美妙。它能让你即使身处绝境，也能笑看风雨。所谓烦事人人有，放下自然无。

放下，其实是为了更好地得到，是在放弃中进行新一轮的进取，绝不是三心二意、见异思迁。

亲鸾上人是日本净土宗初祖，也是日本禅宗历史上最负盛名的禅师。他幼丧父母，便拜在慈镇禅师门下，出家修行。

他很羡慕禅师所取得的成就，就立志要成为师父那样的人，不说超过师父，也要比自己身边的人都要强。所以，他开始学习佛法，不仅如此，琴棋书画方面，他也样样皆通。

但是很多年过去了，他在很多方面都有了长足的进步，唯独在参禅悟法方面始终停滞不前。他很苦恼，就向师父求教。

禅师说：“我们一块去登山吧，到山顶你就知道原因了。”

一路上，亲鸾上人看见许多美丽晶莹的小石头，甚是喜爱，禅师就让他把喜欢的石头装进袋子里背着。很快，亲鸾上人就吃不消了。

他对师父说：“再背下去，我就到不了山顶了。我现在就走不动了。”

禅师笑笑：“那该怎么办呢？”

亲鸾上人说：“该放下。”

禅师还是笑笑说：“是啊，背着石头怎么能到达山顶呢？其实，人要有所得，必要有所失，只有学会舍得，才可能登上人生的极致高峰。”

亲鸾上人一愣，忽觉心中大亮。

从此，他放下了琴、棋、书、画，开始一心参禅悟法，终成了日本一位著名的禅师。

有智慧的人，都是深谙舍得精髓的人。他们知道：只有放弃了，才能够重新选择，才能获得更多，才有机会赢取成功。就像沙漠中的行者必然知道什么时候该扔掉过重的行李，以保存体力，这样方能走出困境。所以，放弃，既是一种理性的表现，也不失为一种豁达之举。

有效地表达自己，不失控

以恕己之心恕人则全交，以责人之心责己则寡过。

——弘一法师

很多人盛怒时都会脱口而出一些令自己爽快、让人不悦的话语，其实，真正有智慧的人不仅能控制情绪，让自己不失控，还深谙说话之道，能有效地表达自己，这样既保住了对方的面子，也达到了自己的目的，可谓不战而屈人之兵。

一位总统发现几次他的演讲稿中有错字和错误的标点符号，就想提醒秘书。于是趁工作间隙，他和蔼地对秘书说："你穿的衣服很合身、很漂亮，今天你真是一个引人注目的姑娘。"

听到平时少言寡语的工作狂上司突然夸自己，秘书脸刷的就红了。总统接着说："不要不好意思，我说的也是事实，我只是想让你不感到拘束。我想告诉你，写公文时要特别留意标点符号和错字问题。"

秘书顿时知道了总统的用意，她很感激总统这样的说话方式，以后工作就格外细心，没有再犯过那样的低级错误。这个沉默寡言的总统就是美国第

30任总统卡尔文·柯立芝。

与那些完全不顾及下属感受和面子的上司比起来，柯立芝可谓深谙批评的艺术。从心理学角度来看，所有的意见在夸奖之后说出，更容易让对方接受。这样，不仅不会造成两人之间的不愉快，还能让对方感激地接受，并迅速改正，对自身的形象也会产生良好的影响。

所以，当别人出了错，为了让对方能够心平气和地接受自己的批评或者建议，我们不妨采用这种“欲抑先扬”的方法，这种保全别人面子和尊严的方法会让人很受用。

下面我们来看看卡耐基是怎么控制情绪、表达自己的。

卡耐基的秘书是自己19岁的侄女。她刚高中毕业，没有一点做事经验，工作中总是出现这样那样的差错。刚开始卡耐基会毫不客气地批评她，但是收效甚微，还让侄女倍感压抑。

一次，侄女工作中又出现了问题，他刚想发作，但是忍住了，经过一番认真的考虑后，他把侄女叫到了办公室，一改之前的臭脸，而是微笑地说：“亲爱的，你工作中犯了错误，但是上帝知道你比我年轻时强多了。我也曾做过很多傻事，犯过许多错误。你当然不可能天生就是万事通了，成功只有从经验中才能获得。我不想严厉地批评你或者任何人。但是你不认为，如果这样做的话，会更聪明吗？”

侄女听到这话，心里就不再感到有压力，而是充满了动力。后来，她可以说是西半球最出色的秘书。

每个人内心都渴望被尊重、被赞美，害怕被批评。所以不管你对别人是领导、上司，或者平级人员，抑或是生活中的一般人，只要涉及批评别人或者自己生气时，都一定要三思而行，想好措辞。不妨先找到对方的一处优点，对其表扬一番，为自己营造一种融洽的沟通氛围，然后趁他心神放松、没有心理压力时，再说出自己的想法和建议。这种对事不对人的间接批评方式，极易让对方虚心接受，并心存感激。

两个孩子劝父亲戒赌的故事也很能说明情绪不失控的意义。

一位父亲嗜赌已经到了痴迷的地步，不仅把家里所有的钱都输光，老婆也离开了他。两个孩子看着不成器的父亲都感到很生气。

一天，父亲又在赌博时，情绪失控的长子掀翻了赌桌，毁掉了所有的赌具。然而父亲好像已经无可救药，继续赌博。

次子看到后，忍无可忍，走到父亲面前，低声说："父亲，老师教育我们，在学校要尊师重道，回到家里要听父母的话。尊师重道，我们可以学业有成，功成名就，可是，我们回家听父亲的话，又能得到什么呢？"

次子的话还没有说完，父亲已经泪流满面。从此这位父亲不再赌博，而是找了一份正经工作。

次子语气温和低沉，对父亲充满敬意，言轻但意重，让堕落的父亲从此走上了正当的工作之路。可见不同的表达方式带来的效果也不尽相同。

如果我们对某人生气，一上来就发牢骚，对方只会产生抵触情绪，就会对你的批评或者意见置若罔闻，即便表面接受，也是阳奉阴违，取不到良好的效果。

所以，控制失控的情绪，注意自己的语气，先让对方放松下来，再委婉说出自己的想法，就很容易达到好的效果了。毕竟这个世界上最受欢迎的，是那些温和、友善的人。

温和平静的语气、适中的语速、友善的姿态，是一个人有良好教养的表现，也是一个人具有良好自控力的表现，同时，也是一个人在社会上游刃有余的秘密武器。

情绪失控时，除了欲抑先扬、温和表达自己外，还可以用幽默法来挽救难堪的局面。林肯因为对不起观众的长相而常被人挖苦嘲笑，但他从没有为此情绪失控过，反而是以玩笑、笑话、自嘲来化解困境，愉悦众人。这是很难做到的，需要我们每一个人潜心修炼。

所以，当生活中有人爆你“丑事”时，你可自爆“丑事”，适当增减，这样就能弱化丑事对你的负面影响，总比别人添油加醋说出来强，然后转移话题，把焦点转给别人。别人做了让你生气的事，比如偷用你的东西，你可以间接暗示对方，表达你的不满。还可以假装生气，这样就能控制自己的行为了。

生活是由无数小事组成的，所以，没必要事事生气，要学着有效地、不失控地表达自己，既能让自己摆脱困境，又能聚拢人心，不伤人面子，从而让自己拥有更广阔的发展空间和美好开阔的人生。

不失控，就能掌控自己的人生

盛喜中，勿许人物；盛怒中，勿答人书。

喜时之言，多失信；怒时之言，多失体。

——弘一法师

美国著名心理学专家安东尼·罗宾斯说：“成功的秘诀就在于懂得怎样控制痛苦与快乐这股力量，而不为这股力量所反制。如果你能做到这点，就能掌握住自己的人生，反之，你的人生就无法掌握。”令人遗憾的是，在生活和工作中，人往往很难掌控自己的情绪，反而被情绪反控，从而生活弄得一团糟，工作也不顺。

一个女人周末在家里清洗锅碗，动作十分利落，水声与碗盘声铿锵作响，仿佛在诉说她无尽的不平与埋怨。

这时候，丈夫给她端来一杯热茶，想犒劳她的能干。但是女人却嘲讽地说：“别装好人了！少惹我生气就行，我怎么这么命苦，早知道结婚要这样做老妈子，真不如出家算了。”

丈夫低着头，又把茶端回去了，随后女人就听到了破碎声，原来丈夫把那个茶杯连同水一起摔了。

女人随心所欲的发泄，很容易让男人觉得不可理喻。即便她对丈夫心有不满，嫌弃丈夫懒惰，不做家务，都是可以表达出来的，完全没必要给献殷勤的丈夫泼冷水，这样不但伤害了丈夫的感情，也伤害了自己。因为自己没喝上热茶，还生了一肚子气。这样的婚姻怎么可能幸福？家庭生活只能一团糟了。所以，情绪控制是创造幸福婚姻的秘密，职场中也是同样的道理。

一个领导在与客户谈判的关键时刻，发现助手处理某事不当，就当场勃然大怒起来。

他先是冷嘲热讽，后是严厉指责，直痛骂得助手浑身颤抖、直冒冷汗，连客户都看不下去了，就忍不住说："我进入社会以来，还从没有见过像你这么粗暴的人。你当着外人的面这么羞辱他，你就不怕他反击你吗？一个人不能放纵自己这么对待别人。我想你已经失控崩溃了，我真不想再继续合作了。"

这位领导听到客户这番话，刚开始没有反应过来，但慢慢脸上的愤怒就又重新布上面容，他怒不可遏地说了声"滚蛋"，客户就甩门而去。

后来助手辞职了，那位重要客户以后再也没有与他们公司合作过，本来即将谈好的单子也就此告吹。

这样不能控制情绪的领导，如果他公司的员工全部跳槽，业绩下滑，公司倒闭，我们都不会感到大惊小怪。因为一个成功的人，必然是一个成熟的人，一个懂得控制自己的人。只有掌控自己的情绪，保持心平气和，才能漂漂亮亮地解决一个又一个难题。

还有一个名厨被解雇的故事也很能说明情绪失控对工作的重大影响。

一位名厨厨艺非凡，每一个客人都对他的厨艺赞不绝口。但是这个厨师最大的毛病就是十分情绪化，高兴的时候左拥右抱，不高兴时，就能在30秒内把所有脏话说出来，将对方骂得狗血喷头，恨不得找个地缝钻进去。

因为老板很欣赏他，与他相处久的同事也知道他的脾气，就都对他畏惧三分。

新来的同事换了一茬又一茬，就是因为他们不能容忍这位名厨的坏情绪。

有天，一位新来的服务生不小心惹怒了他，他像往常那样怒斥服务生时，那位服务生与他对骂起来。饭店顿时一片混乱。

更可怕的是，这位名厨竟然去厨房操起一把刀来，要与服务生拼命。

这下事态就严重了，老板只好解雇了他。一位优秀的大厨因为自己的坏脾气而丢了饭碗，这是他绝没有想到的。

其实，在成人世界中，在职场或者生活中，谁都没有义务或者责任迁就和忍受别人。不管是领导，还是员工；不管是男人，还是女人；不管能力是弱是强，尊重别人的人，人恒尊重之。不加克制乱发脾气的人，只能让周围的人对他敬而远之，无法真正地与他沟通，也就自然无法做到和谐地配合他。所以，他被开除是迟早的、情理之中的事。

在追求成功和幸福的道路上，人最大的障碍不是来自对手，而是来自我们自己，来自自己不良的情绪。情绪很难驾驭，但不管怎样，我们都要想办法把它控制住，因为这关系到我们一生的命运。

生活中，因为不能控制情绪而给自己留有人生遗憾的故事比比皆是，比如情绪失控的运动员因为一只恼人的苍蝇或者其他小事而失掉了整场比赛；

职场人因为没有经受住“极限训练”而失去了去心仪公司的机会；还有的人因为失恋、失业而自甘堕落，无法从消极情绪中真正走出来，浑浑噩噩三五年，等等。这种情绪失控的代价实在太大了，我们如果不能掌控自己的情绪，就会输掉自己的未来。

所以，如果你想掌握自己的命运，请先掌控自己的情绪吧！学会调节自己的情绪，管好自己的心情，就能自由地体验不同的感受，在职场、社交、家庭等各方面游刃有余，活出诗意的人生。

受益一生的情绪控制法

动若不止，止水皆化波涛；

静而不扰，波涛悉为止水。水相如此，心境亦然。

——弘一法师

生活中，被情绪牵着鼻子走的芸芸众生很多，“情绪化”已经成为困扰18~40岁青年人最主要的心理问题之一。心理学家经过几十年研究，为我们创造了很多控制情绪的方法，现在我们整理如下，供大家活学活用。

1. 呼吸法。生气、不快时，请你不要说任何话，做任何事，马上深呼吸，让呼吸帮助你培养正念。就像房子着火，我们不会急着去找放火的人，而是直接先去救火，先去缓和自己的情绪，就是为自己的心情救急。

2. 曹植七步法。不要急着处理生气的事，可先向前走七步，然后再后退七步，这样往返三次，智慧便来了。

3. 数颜色法。这是美国心理学家费尔德发明的。顾名思义，就是当你想大发脾气时，如果可能的话，先暂放手中的工作，可以找个没人的地方，卧室、洗手间都行。你先环顾四周，然后白描你眼睛看到的颜色，可以自言自语，比如墙壁是白色的；桌子是浅黄色的；椅子是深色的；文件柜是绿色的，就这样一直数颜色，数 12 种，大约 30 秒，就能让你的坏情绪缓和下来。

如果走不开令人生气的场景，比如正听领导的训斥或者父母喋喋不休的抱怨或者教诲，你都可以在心中默数颜色。数完颜色后，你会发现心情冷静一些，经过短暂的缓冲，你就能以理智的态度去对待让人生气的人和事了。此法尤适合暴躁型的人。

4. 写心情日记法或找朋友倾诉。这种方法适合迟钝型人。生活中那些老好人看似隐忍不生气，但一生气就让人受不了。这就是愤怒情绪长期积累的结果。这种人或碍于面子，或生气时不善表达，当时没有生气，但是愤怒情绪，即“气根”一直都在他心里郁积着，找到一个机会，他就会爆发。所以这种人可以采用写日记或者找朋友倾诉的方式来排遣自己的坏情绪，清除自己的杂念。日记怎么酣畅淋漓就怎么写。

5. 运动和音乐疗伤法。人有负面情绪时，生理上会产生一些异常现象，让生理最快恢复原状的方法就是通过运动的方式，比如跑步、打球、打拳、打沙袋等。一些公司有高层主管的人体模型让员工出气用，这就是很好的运动舒解情绪方法。

还可以放上自己最喜欢的音乐，比如钢琴曲、轻音乐、佛教歌曲、快节奏的音乐或者催眠曲等，都会让散乱的心情变得平和起来。

6. 不逃避现实法。很多人生气时就想逃离，等双方的怒气消失了，冷静下来再说，但是采用此法，要注意自己的表情、身体语言等，要让对方知道你的用意，否则只会雪上加霜，让对方更生气。这种方法适合习惯逃避的保留型情绪的人使用。

不妨延长在场时间，采取数颜色法或暗示调节法来平静理智，因为与对方理性地沟通、讨论或许更好，胜过长久的忍气吞声。

7. 调控注意力法。《不抱怨的世界》作者威尔·鲍温说：“抱怨就是把焦点放在我们不想要的东西上头，所谈论的是负面的、出错的事情；而我们把注意力放在什么上头，那个东西就会扩大。”

因此，当我们沮丧悲观时，不妨想想高兴的事，或者曾有过的光辉之处，或者做点自己喜欢的事，比如，收拾收拾房间、拖拖地、洗洗衣服、改变一下房间的布局、换下窗帘的颜色等，这样就能迅速转移当下的不快，恢复好心情。

当讨厌一个人时，不妨想想他对你好的一面，试着学学赞美他。当你反感某事时，不妨看看事物的另一面。这样你的情绪就会一百八十度大转弯，你的心情好了，生活、工作、学习也会朝好的方面发展。

8. 自我平衡法。这种方法适合得失心比较重的人。这种人把自己的错误、得失看得很重，一发生错误，遭受挫折，就会全盘否定自己，认为自己无能，一无是处。这种自我否定，很容易让自己沮丧、不自信、焦虑、紧张、恐惧。

其实，不妨冷静地想一想，事情真有那么严重吗？人无完人，任何人的一生都犯过错误，都有过失败的经历，失败的人、丑的人、办错事的人、不顺的人、倒霉的人，并不止你一个，何必过多地自责，为此而懊恼呢？

只是在下次再遇到类似情况时，要勇敢地面对、正确地对待就是了。这样，心态才会平衡，情绪也才会稳定。

9. 宽容地对待他人，不斤斤计较。有科学家曾做过试验，让 70 个人采用宽容和非宽容的态度来回忆一个自己受伤害的情景，每个过程都是 16 秒，然后进入一个放松期。结果发现，非宽容期间每个人的平均心率、血压都在升高，而在宽容期间，心率则有所下降，趋于平和、平稳状态。所以，不懂得宽容、不能控制自己的情绪，不仅让你在社会上不受欢迎，也会影响你能力的发挥，甚至还会危及到你的健康。

10. 一定不要用错误的方法逃避负面情绪。靠吸烟、酗酒、赌博、无节制的上网、纵欲、疯狂购物甚至吸毒来躲避负面情绪，这都是借助昙花一现的快感来逃避所谓的不快乐。到最后你会发现，快乐没得到，坏习惯却养成了，这就得不偿失了。

减压，从“心”开始

一动于欲，欲迷则昏；一任乎气，气偏则戾。

——弘一法师

我们的人生出了问题，至少有一半是心理出了问题造成的。“心”的问题没有处理好，就会造成精神的紊乱和生理上的双重疾病。为此，多位资深专家从不同角度为我们阐述了减压的方法，以期让心灵真正自由、轻便起来。

1. 君子不是能做到完美无缺，而是能做到问心无愧，则自然无惧无忧。孔子说过：内省不疚，能做到问心无愧还有什么可忧愁、可畏惧的呢？一个人如果能做到问心无愧，那么自然就不会过多地担心别人会怎样看，不管面对怎样的环境，都能尽自己的能力和诚意去做，即使种种担心变成了现实，也能坦然面对。

事实上，不管你怎样担心，该来的还是会来，但是能做到问心无愧，一方面可以减少担心的事情变成现实；另外一方面也不会因此而后悔、自责。

所以，尽量在一切问题的处理上都做到问心无愧，这是最简单、最有效的自我保护和自我调节方式。

2. 佛为心，道为骨，儒为表，大度看世界。技在手，能在身，思在脑，从容过生活。这是南怀瑾大师所说的人生的最高境界。

现在社会的竞争归根到底是学习力的竞争，有了金刚钻，不愁瓷器活。“不怕衣衫破，就怕肚子里没货。”所以，提升自己的能力可以说是化解心理压力釜底抽薪的根本大法，有了这个最大的保障，我们不论去哪里，从事何种工作，内心都能彻底清凉，从容应对。

所以，沉下心，主动学习，去提升自己的工作能力和核心竞争力吧，你会终生受益。

此外，还要学会正确地思考。只要能选择正确的思想，学会正确的思考，任何人都可以轻轻松松地化解心理压力，从而拥有美好的人生。

那些整天被压力、紧张、焦虑、担心、愤怒、冲动、怨恨、抱怨、仇恨等不良情绪控制的人就是因为不能正确思考，思维混乱，所以生活必然一团糟。

正确思考包括接受自己、接受现实。人感受到真正的快乐的前提是真正接纳自己、喜欢上自己。所以，请积极、正面地看待可能不完美的自己，学会照顾自己，掌控自己，自己才能焕发出人格的力量和无穷的勇气来。

每天抱最大希望，尽最大努力，做最坏打算，持最好心态。记住该记住的，忘记该忘记的，改变能改变的，接受成事实的。太阳总是新的，每天都是美好的日子。这样思考，我们就能捋顺内心，不会再有心灵的挣扎和纠结，也才能客观地看待面临的困难，恢复自信。

3.学会让自己的思维“穿越”，畅游天下。每个人的内心都是一台摄像机，如果把镜头放在美好的人和事上，你自然就会有好心情。比如，想象一个风和日丽的天气，蓝天白云，你坐在整齐平坦的草地上；或者在郊游；或者在玫瑰花瓣的浴缸里放松地泡澡，还听着优美的曼妙音乐，哼着小曲；或者回忆第一次与爱人相拥轻吻的甜蜜时刻；或者投入到对儿时美好事物的回忆中，没有人会暴跳如雷，也没有人心情会不平和。

所以，情绪不好，感到重重负荷时，不妨学会冥想，学会回忆美好的人和事，听令自己荡气回肠的音乐等，都可以很快调整我们的情绪，释放我们的压力。

4. 注意心灵接受的信息，必须能促进心灵的滋养和成长。心灵就如海绵，关键看你吸收进的是什么了。不妨多看点幽默笑话书、喜剧影视剧，或者一场好电影，听优美音乐，这些都有助于我们减压。

5. 用忙碌驱除不良情绪的困扰。萧伯纳说："让人愁苦的秘诀是，有空闲时间来想想自己到底快不快乐。"所以，"让自己忙着"，让自己专心致志地投入一项工作，是一个简单的化解心理压力的技巧，也是精神痛苦最好的治疗剂。

6. 饲养宠物有益身心。有宠物陪伴，我们就不会那么寂寞，就能无意识地进入"宠辱皆忘"的境界，心中的压力也大为减轻。

7. 运用积极语言、幽默减压。无论处于多么不利的境况，我们都要学会使用含有积极性、鼓励性的语言来自我暗示，我们的潜意识就会接受充满热情的、以绝对的信心态度所下达给它的指令。

抛弃那些负面的口头禅，比如"讨厌、烦人、真倒霉"等，否则，我们可能就真正变成了这些词所描述的样子了。

让自己幽默起来，或者多交些幽默的朋友，就能放松紧绷的心灵，解放被压抑的情绪，化解精神压力。

8. 说出或写出你的烦恼减压。语言是人类特有的沟通、交流工具，同时也是人们释放心理压力最有效的工具。这个在其他章节里，会有详细说明，在此就不再赘述。

9. 进行剧烈的运动、适当地进行发泄。身心从来都是一个统一体，心情变化会产生相对的身体状态，身体状态的改变也会马上改变你的情绪和感受。所以，运动就像给心灵行贿般，心灵会马上高兴起来。

发泄方法有很多，除了运动外，还可以找个空旷的地方大喊大叫，也可就便扭毛巾，打枕头、捶沙发、撕东西、哭泣、按摩等。

10. 学会放松。一位心理学家说：“我发现主要的原因，是几乎所有的人都相信愈是困难的工作，愈是要有一种用力的感觉，否则做出来的成绩就不够好。”

很多人一集中精神，所有的肌肉都来“用力”。事实上肌肉用力只能使身体很容易疲劳，而对我们的思考根本没有任何帮助。所以，心理学家建议：放松、放松、再放松！要学会在工作中放松自己——特别是放松自己的身体。

养生专家给出的建议是：从头到脚整体或局部向下放松，最后将意念放在足底涌泉穴，时间为 1 分钟。整个过程中，吸气时默念“静”，呼气时默念“松、静、好”等，同时随意念向下放松。呼吸的长短、粗细，可以根据自身的具体情况顺其自然调整。

最后就是睡眠放松了，可以恢复体力，让人的情绪变好，从而有更多的精力来对付压力，面对生活。

第七章

幸福其实很简单：菩提只向心觅，何劳向外求玄

学会取悦自己，欣赏自己

纯善之心净如莲

生命的意义在于付出和给予

修好那颗平常心，便是世间自在人

看通生死，顿开名缰利锁

让生命开一朵感恩之花

……

学会取悦自己，欣赏自己

大着肚皮容事，立定脚跟做人。

——弘一法师

中国人被公认为世界上活得最累的人，想想我们的一生也的确如此：我们从上幼儿园到大学，就开始取悦父母、老师、朋友、同学；步入社会，开始取悦上司、领导、同事；好不容易谈恋爱了，就开始取悦恋人和他们的父母；结婚生子了，就开始取悦配偶、孩子；等我们的孩子长大成人了，我们还要取悦儿媳或女婿，还有他们的下一代。

纵看我们的一生，真正取悦自己，纯粹为自己而活仿佛只有从出生到三岁这段光阴。

我们自己的人生如果都不能做到取悦自己，都是在做给别人看，都是在为别人而活，不知不觉中，在一步步取悦外界的过程中自己就会被慢慢腐蚀掉，这无异于把自己快乐的钥匙交给别人。这样下去，何谈提升自己的层次和品味呢？

理学大师朱熹说过：“自敬，则人敬之；自慢，则人慢之。”人不学会取悦自己，就是自己首先看轻自己，从而也会让别人看轻自己。金韵蓉女士在《谁能写出玫瑰的味道》一书中以她的亲身经历讲述了这样的哲理。

我当时在法国求学，是个穷学生，但是像天下所有爱美的女孩那样，我也喜欢逛服装店，何况置身于时尚之都的巴黎呢。

有天，我看见一家十分精致美丽的服装店正在换季打折，我就怯怯地进去了。

店里的推车里堆满打折的衣服，我看见很多法国女人都在那里挑选衣服，并在不停地试穿。我就怯怯地走近推车，怯怯地翻衣服上的价格吊牌，怯怯地拿起一条长裤，并怯怯地询问店员我可否试穿。

在征得店员同意后，我就开始试穿。那条长裤不合身，我就又拿起一条，可惜还是不合身。当我想伸手拿第三条长裤时，那法国店员竟然挡住了我的手，并当着那么多人的面，竟然冷冷地告诉我不可以再试穿了。

当时，我只觉得全身的血液都集中到了脸上，身体也因为羞辱而开始轻微颤抖。片刻的晕眩后，我拿起一串项链就忍痛买了下来，然后慌不择路地逃离了那个服装店。

之后，我为我的自尊所付出的代价就是连续两周只吃法棍面包！而那串项链也因代表着羞辱而被我束之高阁。

那天，下着毛毛细雨，雨水和着羞辱的泪水，我受伤地跑回家。晚上待我的心情稍微平复之后，我强迫自己回想这件不快的事情，我回想了所有细节。我反复问自己：为什么别人可以反复试穿，而我却不能呢？那店员为何独独对我无礼？

最后，我想明白了。她敢那样“欺辱”我，是因为我怯怯的态度、神情和举止，是我的不自信和闪烁的言辞“允许”她那样对我的。

我从这件疼痛的事中得到了教训：人一定要先学会取悦自己，即尊重自己、相信自己、肯定自己、提升自己，人的心态才会圆满从容，也才能取悦别人。要想周围的人用自己喜欢的方式对待你，你得先那样对待他们。比如我“怯怯”的表现，传递的就是我“不自信，囊中羞涩”的讯息，阅人无数的店员自然就会阻止你了。

现实生活中，相信很多“穷”女孩都遭受过“会看人下菜碟”店员的白眼或者奚落，这时我们要做的就是调整自己的心态，尊重自己、肯定自己、取悦自己，从容不迫地试衣，这样店员就会用我们传递给她们的方式对待我们了。

吴淡如曾说过：每个人心中都有一首歌，即便没有掌声，我们也能歌唱；即便没人欣赏，我们也能欣赏自己，也能取悦自己。学会取悦自己，与追求别人的认同同等重要，甚至更为重要。因为别人能给我们的，我们也能给自己，甚至别人不能给的，我们也同样能给自己，比如一个人的快乐、幸福和自由等。请看下面一位 30 多岁大龄单身女人的故事。

邻居是一位 30 多岁的美女大姐，每次见到她，木木都会问：“姐姐，你很爱穿大大的毛衣呀？每次碰见你，你的毛衣都是这种款式的。你身上这件真好看，在哪里买的？”

姐姐说：“是我自己织的。因为只有我自己知道我的缺点在哪，我自己织，就能在这些地方加以修饰和掩饰了，这样穿起来，就另有一番韵味。”

木木笑着说：“姐姐真会生活。”

姐姐说：“我只是在取悦自己罢了。因为只有自己深知自己的个性和身材，这样就能不随潮流而改变自己。穿衣，就应该随性，穿适合自己的才会舒服。随性生活，也才能真正取悦自己，让自己享受生活。”

随性生活，不让外界的纷扰干扰到自己，不为人言所累，才是真正为自己而活，自己也才能真正快乐起来，做其他事情也能从容不迫、有张有弛、得心应手。

一位禅师说过：“一个人，只有取悦自己，才能不放弃自己；只要取悦了自己，也就提升了自己。”所以，你是家庭主妇也好，职场妈妈也罢，抑或是此刻正自卑的压力重重的男人，请别怕麻烦，别让倦怠占满你的闲暇，学会取悦自己，学会建立让自己开心的生活方式，学会不放弃自己，学会提升自己，并沉浸进去，每一分、每一秒，都活给自己看，你的心情自然就会明媚起来。

纯善之心净如莲

不为自己求安乐，但愿众生得离苦。

——《华严经》

我们见到的佛和菩萨大都曼妙庄严，眉眼欢喜，神情安详坦然，端坐在莲花宝座上。但是你知道佛之所以成佛所经历的劫难吗？下面我们来看看佛祖成佛前所经历的最后一个劫难。

释迦牟尼29岁，放弃王宫安逸的生活和太子身份，出家修行。

他苦修了6年，仍没有找到人生解脱之道。他就在一棵菩提树下继续冥思苦想，并且发誓："不获佛道，不起此座。"

正在这时，一只六神无主的鸽子一头撞在了他怀里，后面是紧追它不舍的老鹰。

释迦牟尼顿时起了慈悲心，就对老鹰说："你放过鸽子吧。你现在是在捕食，你还有很多选择，但是鸽子只有一条命啊。"

老鹰说："道理是这样的，可是我现在饿坏了，如果我放了它，我现在就要饿死，您大慈大悲，难道就忍心我老鹰饿死吗？"

释迦牟尼说："我既不忍心你伤害这无辜的鸽子，也不想你白白地饿死。我不入地狱，谁入地狱。"说完，就取出一个天平，一边放鸽子，一边从自己身上割肉。

但无论释迦牟尼怎么割，天平总是不平衡。当释迦牟尼割下最后一片肉的时候，天平才始平衡。

这时，天地风云为之变色，释迦牟尼的肉身开始重新塑造，他终于大彻大悟，领悟解脱生死之道，入道成佛。

正是佛祖的纯善之心，使他领悟到了莲的智慧，进入莲的境界，九九归一，终成正果。

佛家讲布施，慈悲喜舍，利益一切众生，就是要我们与人为善，能够以大慈大悲之心帮助别人，在帮助别人的过程中，在给对方带来幸福感的同时，我们亦能体验到最大的快乐和成就感。所以，随时随地别忘了布施你的纯良之心，哪怕仅是一个笑脸。

一个年轻人失业了，正逢这个节骨眼，老母亲又生了重病。他没有其他快速筹钱的办法，就想撞上富人的车子，好让贫穷的老母亲得到一笔赔偿金。

他颓然地走在大街上，在伺机搜索着豪华轿车。就在他觅得豪华轿车想扑上去的时候，一个姑娘从他身边翩然走过，姑娘给了他一个如莲花般的笑容。

他顿时惊呆了，清醒过来。他想："人生如此美妙，我还没享受，为什么非要寻死不可呢？"

想完，他就终止了这个邪恶的计划。他厚颜地向所有能联系上的亲朋好友借钱，然后自己找了一份工作，踏踏实实地做着。经过一番努力，他后来成了一家小公司的老板。

几年过去了，他始终没有忘记姑娘那纯善如莲般的笑容，他把那姑娘想成了菩萨。

姑娘的一个笑容竟然改变了陌生人的一段人生，这就是纯善之心给人心灵带来的美好。

孩子的单纯与善良，是人的心灵中最为宝贵的精华，往往更能打动人心，下面我们来欣赏一个小男孩的纯善故事。

一个妈妈带着孩子去电影院看电影，孩子如往常般安静，静静地关注着电影故事的发展。但是当他看到一个情节时，他控制不住，在那么多人的影院说话了。

他看到的故事情节是：一个男人，带着自己怀孕的妻子去住店。男人使劲敲着旅馆的门，敲了很久，店老板才懒洋洋地开门。男人说："我们专程从外地过来，现在天色晚了，我们想住店。"店老板粗声粗气地说："店已经住满了。"说完就重重地关上了门。男人不死心，继续敲打着门，说："我们已经走了很远的路，去了好几个旅馆，都说人满了。老板行行好吧，我妻子怀孕了，您一定有个小角落让我们歇歇脚。"但是老板还是面无表情地说："没有，滚开！"男人遭到拒绝后，无声地哭了，他的妻子也跟着哭了起来。男人扶着妻子，慢慢地离去。

看到这里，孩子控制不住，就问妈妈："让他们住在我的房间里吧，妈妈？"这句稚嫩的话顿时吸引了所有观众的目光，人们在感动之余，不禁对妈妈竖起了大拇指。

妈妈闪着泪花说："我家孩子从小就善良。有次我们在海滩上玩，孩子看到浅水洼里有许多小鱼，他害怕浅水洼里的水被沙粒吸干，被太阳蒸干，把小鱼干死，他就一条一条地往大海里扔鱼，最后还心急地让我们加入了他的扔鱼行动。那鱼有上千条呢，我们一家三口大热天的扔了一下午。”

这是一个小男孩的纯善之心，他感动了很多人。我们每一个人都应像小男孩那样愿意帮助受苦受难的人，愿意拯救生命，这样世界才会美好起来。善良未必能马上有好报，但是善良一定会让人有好报。

其实，善给人带来的好报，也可以是一颗宁静而善良的真心。宁静、心安在现在浮华社会已经是很难得的心境了，所以也是上天对你善良的一种馈赠。

纯善之心是“柔软心”，柔软心是莲花，让我们心似莲花的花瓣，揽过时光的明镜，在滚滚红尘里，温柔地伸展，妍妍地开放……

让生命化做一朵莲花，胜过人世间的任何壮举，也是真正的大彻大悟，更是人世间最优美的灵魂升华！

生命的意义在于付出和给予

律己，宜带秋气；处世，须带春风。

——弘一法师

佛家认为：“帮助众生就是帮助自己，成就众生就是成就自己、成就自己的清净平等慈悲，这是佛法。”世纪老人巴金也说过：“生命的意义在于付出，在于给予，而不在于接受，也不在于索取。”波顿先生的亲身经历足以说明“付出即能得到快乐”的真理，他讲述的“我如何快乐起来”的故事曾感动了无数人。

我9岁时失去了母亲，12岁时父亲发生了车祸，我两个又穷又老又病的姑姑没有收留我，很快我就被人家叫作孤儿，或者被人家当做孤儿来看待。

镇上一个很穷的人家好心收留了我，但是日子很难过，没过多久，那家男主人就失了业，他们没办法再养我。后来农夫罗福亭先生收留了我，把我养在他们距离小镇十几公里的农庄里。以后，我一直住在那里。

后来，我开始上学。其他孩子总是找我麻烦，不是叫我“小臭孤儿”，就是嘲笑我是个笨蛋。我很伤心，就想去打他们，但是罗福亭先生对我说：“能走开不打架的人，要比留下来打架的人伟大得多。”我就没有和他们打架，直到有个小孩撒了一把鸡屎在我脸上，我才痛快地揍了他一顿。

罗福亭太太给我买了一顶新帽子，我很喜欢，就常戴在头上。但是有一天，有个大女孩一把扯下了我的帽子，并在里面装满了水，她把我的帽子弄坏了。我在学校里从来没有哭过，而是常常在回家之后号啕大哭。

这一切都被细心的罗福亭太太看见了，她和蔼地对我说："波顿，要是你肯对他们表示兴趣，而且注意能够为他们做些什么的话，他们就不会再来逗你，或叫你小臭孤儿了。"

我接受了她的忠告。这些忠告消除了我所有的烦恼和忧虑，而且把我的敌人都变成了朋友。我开始用功读书，不久后我就成为班上的第一名，但是却从来没有一个人妒忌我，因为我总在尽力帮助他们。

我帮很多同学写作文，写很完整的报告，还教他们读书。

有一年，死神接连夺去了三位老太太的丈夫，我就去帮助那些寡妇们。两年里，在上下学的路上，我都会到她们的农庄去，为她们砍柴、挤牛奶，给她们的家畜喂水和饲料。

所以，现在大家都很喜欢我，不再骂我，每个人都真心把我当做朋友。

当我从海军退伍回来的时候，有两百多个农夫来看我，有人甚至从八十里外开车过来。他们向我表露出对我的真正感情，他们对我的关怀非常真诚。

虽然我一直很忙，但是也很高兴地尽量去帮助别人，所以这十三年来，我没有什么忧虑，再也没有人叫我"小臭孤儿"。

主动帮助别人，主动付出和给予，让波顿从备受煎熬的日子里解脱出来，收获真诚的朋友，得到最大的快乐，这就是付出、给予的意义。

卡耐基说过，如果你想消除忧虑，培养平安与幸福，请记住这条规则："要对别人感兴趣而忘掉你自己，每一天都做一件能使别人脸上带来快乐微笑的好事。”这说的也是付出、给予的魔力。其实，付出和给予从来就是生命的意义，也是对质朴生活最好的诠释。

村里住着一户贫困人家。妻子常年卧病在床，两个孩子都在上学，全家人都靠男人蹬三轮车过活，日子过得异常辛苦。

但是男人从来不抱怨什么，难能可贵的是，他见了比他困难的人总会帮上一把。比如，对那些年纪大的身体弱的老人，他总是免费拉他们；村里有人病了，他的三轮车就变成了救护车，哪怕三更半夜，他都要从床上爬起来，把病人送到医院。他常挂在嘴边的话就是：“助人为乐嘛。”

他的两个孩子争气，都考上了大学，但是学费却愁坏了他。家里实在没有那么多钱啊。就在他发愁的时候，村里人慷慨解囊，不仅凑足了两个孩子的学费，还帮孩子买了上学用的生日用品，比如棉被、蚊帐、开水瓶、洗脸盆等。就这样，两个孩子高高兴兴地迈进了大学的校门。

蹬三轮车男人的质朴行为再次向我们诠释了生命的意义在于付出。所以，请大家相信这句古话：“赠人玫瑰，手留余香。”这绝非一句空话。

所以，请不要再抱怨人际关系复杂，人心不古，你想赢得朋友，就要先学会付出，有时甚至是一定的自我牺牲，学会主动对他人感兴趣，主动帮助他人，这是最便捷的交朋友的方式，也是最容易让自己得到快乐的方式。

一个真正快乐的人，从来都不只是追求自己的快乐，而是愿意付出。爱默生说：“人生最美丽的补偿之一，就是人们真诚地帮助别人之后，同时也帮助了自己。”所以，如果你想要拥有幸福美好的人生，就要学会主动付出和给予，生命因为付出而美好，因为给予而富足。就从明天早上开始，从你所碰到的每个人做起。

修好那颗平常心，便是世间自在人

人当变故之来，只宜静守，不宜躁动。

即使万无解救，而志正守确，虽事不可为，而心终可白。

否则必致身败，而名亦不保，非所以处变之道。

——弘一法师

平常心是佛教语，即清净心。

“平常心是道”最早由马祖道一禅师提出，他认为“平常心是道，无造作，无是非，无取舍，无断常，无凡无圣。只今行住坐卧，应机接物，尽是道。”平常心也是长沙景岑禅师所说的要眠即眠，要坐就坐，热时取凉，寒时向火，没有分别矫饰、超越染净对待的自然生活，是本来清净自性心的全然显现。

有典故说，禅宗师父们喜欢拿“云在青天水在瓶 ”来启发弟子：不管什么样的容器装水，水都能随方就圆，能刚能柔，能多能少，就像白云在蓝天中那样自由自在。世人的心犹如瓶中之水，只要保持清洁不染，也能像水那样随物成形，清澈澄明。

禅宗师父们想要告诉弟子的是：人心要有很强的适应性，要能够清醒地认识社会，认识自己。这样才不会过于追名逐利、有心造作攀求，也才能不丧失平常心的和谐性和平衡性。

在《意林》上看到过一篇文章，讲的是宋代隐士邢悚的故事，他可谓把平常心、淡泊名利推到了极致，推向了一个至高的境界。

相传宋太祖赵匡胤当初还在后周柴世宗手下为将时，有一次在战场上，用战马中箭倒毙而被敌人重重包围。万分凶险之际，一个骑兵飞驰而至，把战马让给他骑。情急中，赵匡胤只匆匆看了那骑兵一眼，就跨马继续与敌人拼杀去。

战后，他想起那个救助自己的骑兵，就在全军找这个人，但是没有结果。此事就这么搁置下来。等他做了皇帝，他就越发地想找出那个骑兵来。他根据记忆，找人画了那骑兵的肖像，在全国范围内寻找，但是仍然无果。赵匡胤就想，那骑兵可能为了救自己，已经战死沙场。

直到十几年后的一天，一个人拿着皇帝当年找人的画像来到皇宫求见，太祖急忙相见。虽然已经时隔十多年，但是皇帝还是一眼认出了他，就拉着他的手问他迟迟不来相见的原因。那人说："我当年救您，是因为您是我军的主帅，您战死，全军可能就会覆没，所以我救您也是救我自己啊。我在那次战斗负伤后回到了家乡。陛下当年找我的画像我也看到了，就揭下一张用作留念。我今天来见您，并不是为了荣华富贵，而是为我的家乡。我的家乡已经大旱两年，颗粒无收，哀鸿遍野，地方官为了彰显政绩，隐匿灾情不报，致使现在民不聊生，惨不忍睹啊！小民在家里实在是坐不住了，便决定来找陛下，希望陛下救救您的百姓吧！"

宋太祖听后，立即命人筹备赈灾之事，并下令赐给恩人黄金十万两，官位随意挑。那人忙说："如果我来是为了当官和求财，我早就来领赏了。我身为一个普通百姓，只想凭自己的本事生活，平平安安地了却此生。如果陛下恩准把赐给我的黄金也一并作为赈济灾民的款项，小民就感激不尽了！”

宋太祖看实在无法把他留在身边，就准备派他押运这批钱粮回去。那人推辞道：“赈济之事，体现的是陛下的爱民之心，我可不想让人误认为这是陛下在还当年的感情债啊！”太祖看他实在无意于功名利禄，就写了一张字条，递给他说：“如果你遇到了什么难处，只要拿这个给地方官看一下，他就会帮助你的。”那人觉得却之不恭，就只好收下了。

许多年后，骑兵在平静中死去，人们在他的遗物中发现了太祖的亲笔信。而这个骑兵就是邢悚。

邢悚无疑把“平常心”推到了做人的极致。他做人本然，淡泊名利，所以在平静生活中享尽天年。

佛家说，有求皆苦；儒家曰，无欲则刚；道家言，清心寡欲方得道。其实，说法虽然不同，但说的都是平常心。人生难得有一颗平常心，修好这颗平常心，便是人间自在人。

一个建筑工人在工地上劳累了一天，他拖着疲惫的身体回家。从远处，他看见从自家小屋里射出的暖人灯光，他心里的劳累就减轻了几分。

他一进屋，一双儿女就扑在了他的怀里，争先恐后地给他说学校里发生的人和事。他顾不得上去厨房看为自己做饭的妻子，他就轻声地对孩子们说：“爸爸浑身是灰，要去厨房洗个脸，你们乖，赶紧去写作业吧。”孩子们听话地写作业去了。

他走到厨房，看着一如往常为自己烧饭做菜的妻子，心里充满感动。他抱住了自己已经不再年轻的妻子，在小小的厨房里，他抡了妻子三圈。妻子笑着求饶，娇嗔地说："你看你的衣服这么脏，以后回家先把一身脏衣服换下来，顺便再冲个澡，不洗澡就不要出来。看看把我和孩子的衣服都弄脏了。"于是他笑着去卫生间冲凉去了。

随后，卫生间里就传来了男人的歌声，厨房里的女人听了笑了，写作业的孩子听了也笑了。一首歌就赶走了他一天的疲惫，其实赶走他疲惫的是家庭的温暖和爱，更是他和妻子所拥有的那颗平常心。

其实，人的快乐与幸福，与金钱的多寡没有直接的关系，与身份地位的高低也没有多大的关系，而只与那颗心有关。

有了那颗平常心，才能正视现实，才能脚踏实地干事；有了那颗平常心，才能合理节制欲望的膨胀，才能以平和、乐观的态度对待身边的人和事，也才能看淡人生的得与失，让你始终处于一种良性循环中，让自己始终都有个好心情；有了那颗平常心，人才能甘于平凡，从而活得开心快乐。

看通生死，顿开名缰利锁

离贪嫉者，能净心中贪欲云翳，犹如夜月，众星围绕。

——《理趣六波罗密多经》

世人都为名利忙碌着。因为评价一个人事业成功与否、人生是否辉煌的世俗标准就是看他是否有房有车，在单位能否谋个好职位，是否有一定的社会地位，是否腰缠万贯。其实，实现理想和目标的过程也是追求名利的过程。这本无可厚非。但是很多人在追名逐利的过程中，身心疲惫，迷失了自我，这就是对待名利的态度有问题了。因为名利本是中性的概念，并无善恶之分，关键还在于追求、拥有名利的人。

毕业多年后，几位同学相伴去看望曾经的恩师。

老师很是欣慰，就问起他们各自的生活。谁知不问则已，一问，就打开了学生们滔滔不绝的牢骚箱。

大家纷纷倾诉各自生活的不顺心，不是做生意失败，就是仕途受阻，还有工作上无尽的压力，当然感情上的事没好意思当面抖出来。一时间，各位同学满腹的牢骚就如雪花朵朵落在老师身上。

老师并没有被同学们的负面情绪所牵引，感到压力重重。他只是笑而不语，抽身去柜子里拿出很多杯子，摆在茶几上。

这些杯子各种质地的都有，有玻璃的，有陶瓷的，还有塑料的。有的外型很别致精美、高贵典雅，有的看起来很普通，有的甚至很粗陋低廉。

老师说："你们都说累了，要是渴了，就拿杯子喝点水吧，都不是外人，就别客气了。"早已口干舌燥的学生们就纷纷选了自己中意的杯子开始倒水喝。

等他们都盛满水，老师开始说话了。老师指着茶几上剩下的杯子说："你们发现了没有，你们挑的杯子都是最好看、最别致的，而这些塑料的、粗陋的杯子你们就没有人选。"

学生们没有觉得多奇怪，老师继续说："你们需要的只是水，而不是杯子。这就如同我们的生活，生活是水，其他诸如工作、钱财、权势，都只是盛水的杯子。杯子的好坏，并不影响水的质量。但是你们很多人却将心思花在杯子上，让杯子肆意扰乱你们悠然恬静的心情。这不是自寻烦恼吗？如果能笑着面对，不去埋怨，不去计较名利，一切随心、随性、随缘，你们的人生能不快意吗？"

人真正需要的只是水，但是很多人却很在意盛水的容器，这就很容易被容器所反制，被名缰利锁所困住了。其实，良田万顷，日食几何？华厦千间，夜眠几尺？人在这个世界上，也只不过是一个匆匆的过客而已，所有的名与利、得与失，都是浮云，生不带来，死不带去，与其为这些身外之物所累，不如珍惜当下的生活，让自己活得轻松自在。佛家对欲望有个专门的开示故事，我们来欣赏下。

一个人困惑地问禅师："人的欲望是什么？"

禅师看了他一眼，就说："你明天中午再来吧，记住，明天来的时候不要吃饭，也不要喝水。"

第二天他再次来到禅师面前，禅师问道："你现在是不是感到饥肠辘辘、饥渴难耐？"

这人舔着嘴唇说："是的。我现在恐怕可以喝下一池水，吃下一头牛。"

禅师让这人跟随自己，来到一片果林。禅师给这人一个硕大无比的口袋，说："你现在可以去果林里尽情采摘鲜美诱人的水果，但必须带回寺庙里吃。"说完就离开了。

夕阳西下的时候，那人背着满满一袋水果，汗流浃背地来到禅师面前。禅师说："现在你可以享用这些美味了。"

这人迫不及待取出两个苹果，就狼吞虎咽起来。待他吃完后，禅师问道："你现在还饿吗？还渴吗？"

这人拍着自己鼓胀的肚皮说："我现在什么都吃不下去了。"

禅师说："那么你千辛万苦背回来的剩余水果有什么用呢？"这人顿时恍然大悟。

两个苹果足以解决饥渴问题，为何还要千辛万苦背回来那么多无用的水果呢？禅师想给世人说的是：多余的欲望就是毫无用处的累赘罢了。这就是现代人觉得活得越来越累、精神越来越空虚、思想越来越浮躁的根源。

人生的本意不是求忙、求乱、求苦的，为众人所仰慕、所追逐的名望、财富、权势，不过是昙花一现的东西，这些都与真正的幸福无关。让我们屏气凝神听从心灵的呼唤，以包容宇宙的胸襟，洞穿世俗的眼力，看破红尘，看通生死，守住淡泊，成长为自己想成为的人，过自己想过的生活，向自己既定的目标前进！

让生命开一朵感恩之花

视人之乐，犹己之乐。视己之乐，犹人之乐。所欲与共，嫉妒永却。

——弘一法师

一首《感恩的心》红遍大江南北，在社会各阶层引起强烈的情感共鸣。但是，这首歌背后的故事有多少人知晓呢？我们来品读一下这个真实的故事。

有一个小女孩天生失语，爸爸在她很小的时候就过世了，她和妈妈相依为命。

妈妈每天很早就出去工作，很晚才回家。每天日落时分，小女孩都会在门口等妈妈。妈妈每次回来，都会给她带年糕，这对于贫困的她们来说，已经是一笔很大的开支了。这年糕对小女孩来说，就是天底下最美味的食物。因此每一天的日落时分都是小女孩最开心的时刻。她的妈妈每天早出晚归，让那小女孩有了读书的机会，就这样一直读完了大学。

大学毕业那天，下着很大的雨，已经过了晚饭时间了，妈妈却还没有回来。直到第二天将近中午，妈妈仍未回来。女孩很担心妈妈，就决定顺着妈妈每天回来的路去找妈妈。

她走了很久、很远，终于在路边看见了倒在地上的妈妈。她使劲摇晃着妈妈，但妈妈却没有回答她。她想妈妈一定是太累，睡着了，就把妈妈的头轻轻地移到自己腿上，她想让妈妈睡得舒服一点。

但是这时她猛然发现，妈妈的眼睛没有闭上。她突然明白：妈妈可能已经死了！她感到前所未有的恐惧，她使劲摇晃着妈妈的手，却发现妈妈的手里还紧紧地攥着一块年糕，而另外一只手却攥着一张纸。她慢慢地将纸打开，发现竟然是一张卖血单。

这时的她才恍然大悟，为什么妈妈每天都早出晚归，为什么自己小时候天天都能吃得上年糕，为什么自己能一直读完大学……她大声地哭喊着，却发不出一点声音……

雨越下越猛，女孩不知道哭了多久，她猛然想起妈妈为什么不闭眼呢，她一定是不放心自己。她擦干眼泪，决定用自己的语言来告诉妈妈她一定会好好地坚强地活着，让妈妈放心地走。

这时，一位音乐家恰巧路过，他看到如此悲惨的局面，就过去安慰女孩。在他了解完女孩的身世后，很是感动，回到家里，就写了这首《感恩的心》送给女孩。

这首让人流泪的歌要我们所有人勿忘亲恩。天下这样的父母有很多，他们在默默地为儿女付出一切。但是天下又有多少这样的儿女，能够感恩于父母这样一颗爱心！

曾在一个节目中看到过一个家庭困难的年轻人，竟然为了自己的音乐梦想，逼得老母去卖血……这个年轻人太自私，竟然用母亲的鲜血去灌溉自己的事业和梦想！一个连母亲都无法挚爱、对自己的父母尚不知道感恩的人，又何谈用感恩的心放眼看世界、回报社会呢？

让我们学会感恩，带着感恩之心去赡养父母、帮助别人，这样我们的生活才会倍觉温馨，生活也才会因有了感恩而充满快乐。

让我们同唱一首老歌《感谢你》：“感谢明月照亮了夜空，感谢朝霞捧出的黎明，感谢春光融化了冰雪，感谢大地哺育了生灵；感谢母亲赐予我生命，感谢生活赠友谊爱情，感谢苍穹藏理想幻梦，感谢时光长留永恒公正；感谢你，我衷心谢谢你，我忠诚的爱人和朋友；感谢你，我衷心谢谢你，这旋转不息蔚蓝色的星球。感谢生活，感谢和平，感谢这一切一切这所有，感谢这美好的所有。”

还要特别感谢的是，感谢伤害我们的人，因为他们磨炼了我们的心志；感谢欺骗我们的人，因为他们增进了我们的见识；感谢遗弃我们的人，因为他们教导了我们应自立；感谢绊倒我们的人，因为他们强化了我们的能力；感谢斥责我们的人，因为他们助长了我们的智慧；感谢藐视我们的人，因为他们觉醒了我们的自尊。

从我们出生到老死，任何事情都值得我们感恩！让我们用一颗感恩的心去对待一切有恩于我们的人，感恩并图报世间就会完满！

时时拂拭身心，勿使惹尘埃

所谓正直心、柔轻心、堪能心、调伏心、

寂静心、纯善心、不杂心、无顾恋心、广心、大心。

菩萨以此十心，得入第二离垢地。

——弘一法师

一位禅师问众弟子：“如何才能去除山野里的杂草？”

弟子们觉得这个问题再简单不过了，有的说用铲子铲掉，有的说放一把火烧掉，有的说在草地上撒上石灰就可以了，也有的说除草要除根，只要拔出全部草根就可以了。

禅师最后说：“寺庙后面那块空地上已经荒芜了很久，杂草丛生。我将那块地分几块，你们每个人领一块，我也领一块，我们按照各自除草的方式，看看谁的方法好。明年这个时候，我们在那块地相聚。”

转眼第二年就到了，他们相聚在那里。弟子们用尽了办法，自己的那块地上还是有生命力旺盛的杂草。而禅师的那块地上却是一片绿油油的庄稼地。

望着绿油油的一片，禅师笑了，他说：“要除去田野里的杂草，只有一个办法，那就是在上面种上庄稼。”

禅师舒心地看着，看着看着，就欣慰地圆寂了。弟子们痛哭不已，他们这才体会到禅师的良苦用心，禅师用自己的行动为他们讲解了人生的奥秘。

人的心灵亦是如此，不长庄稼，就长草。要想心灵不长草，不被灰尘蒙上，就要守护好自己那颗清净、纯洁的心。

人的心灵又如瓶里的鲜花，要想鲜花不那么快凋谢，就要给花朵保鲜。而保鲜的方法莫过于每天换水，并在每次换水时修剪掉一截，这样花茎短期内就不会腐烂，花朵可以尽情吸收新鲜水分，自然就能保持更加长久而不容易凋谢了。

我们赖以生存的大环境就如瓶，亦如水，我们的身心就如同这朵鲜花，我们要不断地反省自己的思想和行为，守护自己心里面的那些好念头、好思想，一旦发现不好的念头和思想，就要立刻清除，并不断地忏悔、检讨，这样才能不断吸收到天地的精华，变化自身的气质，才能正知正念，从而使烦恼远离，得到解脱。

同时，也要修养自己的美德，增强学习力，就如同给花儿浇水似的，这样我们的思想才能变得圆满丰润，心灵也才会真正纯净起来。

生活中，我们每天都要经历很多事情，不管开心的、不开心的都会在我们心里安家落户。心中的事情一多，尤其是那些不开心的事，久了，就会像石头一样把我们压得喘不过气来，不仅会使我们的生活变得杂乱无序，心情烦乱，还会使我们萎靡不振，越发浮躁，甚至抑郁起来。

所以，我们有必要时时打扫心灵的房间，有道是“扫地扫地扫心地，心地不扫空扫地”。心理学家清洗心灵的方法也很值得借鉴。

曾经有一位心理学家在一艘船上做了一个很有趣的改造心理的试验。他让一些总感觉心浮气躁的人到船尾，让他们对着波涛滚滚的海水，设想自己已经把心中一切的烦恼都抛到海水中，可以反复设想，直到自己觉得心里舒畅为止。

他的试验结果很令人满意，参加试验的人员都告诉他：自己的心灵就像被滚滚的海水清洗了一遍或几遍似的，心中所有的烦恼似乎真的在那一刻消失了，真的像丢了一件物品在海水中似的，转眼就消失不见。他们认为这个方法很实用，就打算以后一有烦恼，就来到海边，或许不用坐在船上，只面对着波涛汹涌的大海就行。他们还说，可以对着大海大吼，或者做抛物状的动作，这些估计也能令自己全身放松。

后面的各种方法是参加试验的人员自己想的，应该也能起一定的作用。

上面所说摆脱烦恼的方法虽然有点抽象，因为心里的烦恼无法像扔一个石头那样扔进海里，但是心理学家找对了一个放松发泄的方式。那些感到心浮气躁的人发泄完了郁闷心情，心情也就轻松了，烦恼随之消失。

所以，时时拂拭身心，勿使惹尘埃，除了要时刻反省自己、修正自己外，也可以辅助用些科学的减压方法，经常洗涤自己的心灵，为心灵减负，尽力去除困扰你心灵的情绪残渣，这样我们的心情就会变轻松许多。

心灵没有负重了，头脑就清醒了，再扫地除尘就容易多了。两种方法结合使用，就能点亮我们黯然的心，也能把纷杂的事情理清楚，这样，我们才能告别烦乱，才能进入正轨，人生境界才能有所精进。

把自己当成别人，把别人当成自己

以情恕人，以理律己。

——弘一法师

一个 16 岁少年去拜访一位禅师，问：“我怎样才能让自己快乐，同时也让他人快乐呢？”

禅师笑了，暗叹少年的觉悟，就送给少年四句话：“把自己当成别人，把别人当成自己；把别人当成别人，把自己当成自己。”

少年说：“这四句话的真意我现在无法全部体会，我总觉得它们有许多自相矛盾之处，我怎么才能把它们统一起来呢？”

禅师说：“去吧，用你一生的时间和精力去体会。”

少年沉默良久，叩首拜别。

后来少年变成老人，再后来离开了这个世界。在他去世很久后，他依然活在人们的心中和嘴上。人们都说他是一位智者，因为他是一个快乐的人，而且也能给每一个见到过他的人带来快乐。

这四句话有点绕，我们逐一来说明。

先说“把自己当成别人”。

这句话意思是说：假定自己就是别人，即把自己和对方的角色调换一下，这样就能改变对很多事情的看法或者结论。以别人为中心，站在别人的立场上思考自己的问题，就能够客观地为人处世，也会对自己的人生有个比较客观的评价，正确地认识自己的实际价值，而不至于一味地自我陶醉或者悲观失望。

比如，当我们痛苦、忧伤的时候，我们把自己想成别人，就能暂时从不高兴的事情或者心情中跳出来，痛苦就会减半，就像与人分享了痛苦似的。让虚拟的人先扛一会儿我们的痛苦，等我们放松了，大脑冷静了，就可以从局外人的角度重新审视这件不愉快的事情，这样就能客观分析其中的对错了。

而当我们为小有成绩而得意忘形或者欣喜若狂时，我们马上把得意的自己想成别人，我们那颗骄傲自大的心就能马上收敛一点，不再那么激动了。因为在别人看来，这些成绩可能不算什么，或者别人根本就不关心你的成绩。这样就能提醒自己继续努力了。

很多时候，人都太把自己当回事儿，甚至不知道自己是谁了，那不妨就做一下别人，站到他人的角度来审视自己，你就会觉得自己很可笑、很平常。所谓“不以物喜，不以己悲”，不计较得失荣辱，就会变得淡定从容、内心祥和。

再说“把别人当成自己”。

这句话意思是：与人交往时，要有慈悲心，当别人做了让自己很不舒服的事，要能站在对方立场上想问题，说不定就能发现别人这样做的难言之隐或者难处，这样就能理解对方、宽容对方。我们也都需要别人谅解自己，包容自己，帮助自己不是吗？

所以，开启心灵之门，关爱、帮助、宽容别人，其实，也是在关爱、帮助、宽容自己。当然，你付出，不要期待有同等价值的回报。如果任何付出都带有自私的情结，那你就永远也明白不了幸福的滋味。

把别人当成自己也体现在与人沟通上。实话实说有时未必就是做人的厚道。比如朋友新换一个发型，你如果说："你的发型真好看，但是裙子不好看。"别人花三千元新买一件衣服，你说："有家小店，跟你这衣服完全一样，二百块。"

这种说实话、让别人不爽的老实人就会被认为是一个做人不厚道、刻薄的、爱挑剔的人，这种人就是不讨喜的人。如果把听话人当成自己，自己听到别人这样说，你会有什么样的感受呢？你会舒服吗？

所谓"沟通"，就是彼此设想对方就是自己。如果沟通成功，自己快乐，别人也快乐。

再说"把别人当成别人"。

这句话的深意是：每个人在这个世界上都是独一无二的，都有着自己的独立性。每个人都希望被重视、被尊重。没有人会真心甘于一辈子平庸，都希望能获得荣誉、地位，最基本的需求也就是被尊重。

所以，首先对别人表示尊重的人一定是最受欢迎的人。每个人都有自己的隐私和领地，我们千万不要过界，这在婚姻中尤为明显。一方善意的隐瞒或者无伤大雅的"欺骗"很可能是为了对方好，所以无需刨根究底，一定要对方满足自己的好奇心。给予对方尊重、理解和信任，是婚姻生活中最为重要的守则，即夫妻双方亲密有间。

最后再说"把自己当成自己"。

同上，每个人都有独立性，当然也包括自己。把自己当成独一无二的自己时，就能欣赏自己，肯定自己，不看轻自己。做回真正的自己，不要太在意别人对自己的看法，因为这样很容易伤害到自己。自己的生活，别人是永远都不会完全理解的。

比如，有人贬低你，你可能因此会自卑。其实，这能说明什么呢？只能说明他还不了解你，你的能力还没有完全展示出来。你完全没必要因此而生自己的气。量力而行，继续努力就好。

如果有人抬高你，你也没必要因此而忘乎所以，对他说声谢谢，然后谦虚谨慎，继续踏实做事就行。你如果活在别人的眼光中，你就是活在别人的意志下了，那样不仅很累，也会迷失本我。

有一个相对自信、开阔的心态，遇事就不会那么斤斤计较，就不会与人过度地攀比或嫉妒他人，也能勇于承担起责任，从而拥有充实、有价值的人生，并在价值中获得快乐。

禅师说：这四句话统一起来，贯穿始终，融化在意念里，付诸在实践中，你就能得到真正的快乐。

事实也正是如此，心态决定人生，只有自己掌握主动权，不计较个人得失，看淡别人对自己的伤害，对他人怀有一颗同情心，在别人需要时给予及时的帮助，我们才会真正开心起来，所以，想得到快乐很简单。快乐的根本不在于我们得到的多，而是计较的少，而是我们豁达。

一份爱，一份承诺，一份责任

爱，就是慈悲。

——弘一法师

爱情是古老且历久弥新的永恒话题，从有文字记载以来，几千年了，这个话题仍好像刚刚开始，再过几千年、几万年也说不完。关于爱情这个话题，中国古来便有许多吟唱，比如“关关雎鸠，在河之洲”“山无陵，江水为竭，冬雷震震，夏雨雪，天地合，乃敢与君绝”，又比如“死生契阔，与子成说；执子之手，与子偕老”。

爱情是美丽的、浪漫的，我们每个人都在心中构建着自己的爱情童话，憧憬着茫茫人海中那个在灯火阑珊处等待我们的人。但是，在现代社会，在物质化的城市里，在世俗的眼界里，爱情已经被物质化、利益化。

我们见惯了太多为金钱、为名利凑合在一起的婚姻，见惯了太多真真假假的悲欢离合，听多了支离破碎的爱情故事，尤其是近来明星扎堆离婚的头条新闻，不时冲击着我们脆弱的心房。于是，我们一方面渴望真爱，想走入婚姻；一方面又害怕受伤，担心婚姻会败给无情的岁月和光怪陆离的性格。于是，很多人便发问：“我们还能相信爱情吗？”

其实，“爱情”本身并没有对错，错的还是我们没有找对人。我们来看看痴情男携妻照顾初恋女友34年的故事，相信你会重新为爱情的伟大而感动。

男人和女人35年前是恋人关系，男人当时与女人约定：“无论世界有多少变化，我都永远守候在你身边，直到终老。”两人就像天下所有的有情人那样幸福地相爱了。但是天有不测风云，女人出了车祸。

这场车祸，让她锁骨以下的所有器官都失去知觉，瘫痪在床。男人并未逃离，而是坚守着自己的那个约定，守在病床前，几乎寸步不离，日夜守护。

善良的女人看不下去了，就给男人下了最后通牒：“我已经是废人了，你如果不找女朋友，我就永远不理你。”

在女人的逼迫下，他开始了频繁的相亲。但是他找女朋友有个附加条件，那就是要陪自己照顾自己的初恋情人一辈子。

很多姑娘摇着头走开了，只剩下一个姑娘，她看上了重情重义的男人。她和他约定：“无论生活有多难，我都要和你一起照顾她，直到终老。”

就这样，夫妻两人开始照顾女人，为她翻身、喂食、端尿、擦身，料理一切，直到霜染鬓发。

这个男人就是韩惠民，他当选为2008感动中国年度人物。

感动中国组委会授予韩惠民的颁奖词是：他用百姓最朴素的方式，回答了生活中最为深奥的问题：有比爱情更坚固的情感，有比婚姻更宏伟的殿堂，34年的光阴，青丝转成白发，不变的是真情。

感动中国推选委员陆小华说：一段相知带来一个汉子34年的照顾，一声承诺变成一对夫妇共同的看护，一个特殊的传奇连起两个普通的家庭。

韩惠民用34年不离不弃的行为向我们诠释了什么叫爱。爱就是一生的承诺，一生的责任，就是性命相托。下面我们再来品读一个捐肝痴情男人感天动地的爱情故事。

19年前，男人和女人是青梅竹马、两小无猜的恋人。他们因为一个误会而分手，之后两人各自组建了自己的家庭。

19年后，两人各自离婚。男人偶然得知女人患了肝硬化，就毅然担当起了照顾她的责任，冲破重重阻挠和她结婚，并最终进行了换肝手术。虽然老天爷再次跟他们开了残忍的玩笑，女人最后还是离开了这个世界，但是男人从不曾后悔过当初的决定。

他也是至真至纯、重情重义的，他延续了人们心中神圣的爱，他深深震撼了无数人，他是范阡川，他被选为“2009感动中国十大小人物”之一。

他的颁奖词是：平凡显真情，大爱细无声，一段短暂的初恋让两颗心牵肠挂肚19年，佛说前世五百次的回眸才换来今生的一次擦肩而过，范阡川无怨无悔地照顾一个擦肩而过的女人，诠释了爱情的平凡与伟大。

名人坊给范阡川的颁奖词是：一份爱，一份承诺，一个普通的汉子面对自己心爱的人病重，他用心中那份爱，支撑起爱人最后的信念和希望。虽然他没有干出什么惊天动地的大事，但是他这份对爱情的执着和用爱支撑起的承诺，让我们相信这个世界上一定还有真爱的存在。也让我们在那些寒冷的夜晚中，心中充满了似火一般的温暖。

两个痴情男人重情重义的故事，深深触动你我的心灵，而在浮躁今世，这样的真情相守又有多少！虽然不多见，但是我们也不要因此就否定爱情本身，否定自己曾经的和未来的爱情。但丁说过，爱情使人的心憧憬升华到至善之境。所以，为了爱情，我愿意静静地守候！

真正的爱情和长久的婚姻关系靠缘分，因为缘分，我们与某个人有了最初的交集，有了最初的心动，有了生死相许，有了婚姻的誓约，以后不管有什么问题，两个人都应商量着解决。千万别动不动就放弃，因为分手是最不负责任的处理方法。既然打开了爱的心门，男人就要经得起诱惑，女人就要耐得住寂寞。因为真正的爱情从来就是一种承诺，是一种诚信，更是一种责任，这样婚姻才能更和谐和稳定。

在成熟中等待爱情

小勇刚与谈了7年的女朋友分手了，用他的话说："这次是彻底分手，绝对不会复合。"之后一个半月火速与一女邻居闪婚。现在他们夫妻已经有一个爱女。

相恋多年的女友做了什么事，让小勇如此决绝？

一个朋友道出了他们的故事。

小勇与女友是在工作中相识的。小勇是天津人，女友是内蒙古人，两人都在北京打拼，说好了将来要在北京买房子定居。但是却遭到了女友父母强烈的反对，他们只有这么一个女儿，就以死相逼，要女儿回内蒙古，好陪伴父母。男友也不想离自己的父母太远。

这7年中，男方几次准备了结婚的所有物品，但每次要登记的时候，女友都会突然变卦。几次三番被折腾累的男友就提出了分手，好强的女友也答应了。

但当听到男人火速在追一女邻居时，女人的妒火就熊熊燃起，不能忘情的她就又来到了北京。她割腕来哀求男友回心转意，说自己愿意在北京陪男人发展，但是男人没有回头，而是把她送到了医院，看护了她三天三夜，就走了。

这是一个真实的故事。我们不去追究男人的狠心和决绝，剖析男人的某种心理，只是想劝慰那个女人，要学会成熟，以成熟的心智去处理感情和相处问题，这样才能知道自己真正想要的是什么，从而在拥有的时候，会懂得珍惜而不躁喜，会懂得享受而不折腾；失去了，缘散了，也不过分伤怀，能坦然接受而不留恋。因为缘分如花，花总会再开，自己终会遇见更适合自己的那个人。

人太执迷，难以割舍，其实只是因为心里太过于依赖对方，自己还未成熟，没有具备爱人的能力罢了。

铁凝说过：爱也是一种能力，不是每个人都具备这种能力；婚姻应该会更丰富长养人的内心，而不是使它更苍白或更软弱。所以，在你没有具备这种能力之前，不妨先修炼自己，让自己的内心慢慢成熟，这样，当那美好的人出现时，你才会好好把握，好好珍惜，从而牢牢牵住自己的幸福。铁凝用她的亲身经历向我们说明了这个道理。

2007 年 4 月 26 日，50 岁的中国作家协会主席铁凝与著名经济学家华生喜结连理。这无疑是一个奇迹。铁凝在 34 岁时也曾焦灼不安过，但是冰心老人适时安慰了她。冰心老人让她不要刻意去寻找，要修炼自己，静心等待。

就这样，华生出现了，他们同游江苏的金山寺、苏州的山塘街，一起听评弹。他们在一起感到“内心温湿柔润”，相视一笑，就结婚了。

很多女性可能会认为铁凝这种以虫蛹的修炼姿态，等待情感方面的破茧成蝶太漫长，但是不抱着随缘的心态，不在成熟中等爱又能怎么样呢？美好的事物往往需要沉下心来慢慢等待。正如席慕容所说：为了与你相遇，我在佛前求了五百年。

铁凝在遇见华生前，修炼了十几年，以成熟的心境看待爱情，看待婚姻，所以她适时抓住了自己的爱人，相信她一定能经营好自己的婚姻。让我们祝福他们。

很多人在经营爱情的路上，喜欢不断测试、折腾对方，与对方博弈，其实这些都是你内心残缺、没有安全感的表现。一旦你的内心完整了，你就能坦诚地做自己的事情，坦然地表达你的伤心、难过和挫败感了。

所以，爱情中的双方都需要有完整的内心、成熟的心智，这样才能减少不安的因素，彼此信任，从而畅快地表达自我，而不在一次又一次的检测中玩着幼稚的游戏。

我们一生会遇见很多人，经历很多事，这些人和事都是因缘际会、机缘巧合，按照事情发生的本身规律向着一定的方向发展的，而不会是根据自己设想的结局发展，所以我们要用一颗成熟而不失本真的心去顺应万事万物的自然发展规律，这样就能抓住该抓住的，放下该放下的，拥有美好而幸福的大气人生。

珍惜拥有的，不要抓太紧

凡事须求恰好处，此心常懔自欺时。事能知足心常惬，人到无求品自高。

——弘一法师

《四十二章经》里记载了一则佛陀问弟子人生长度的故事。

一天，佛陀等弟子们化缘回来时，问众弟子："人命在几间？"

一弟子说："人命在旦夕间。"

佛摇头说："你不懂得。"

一弟子说："人命在饭食间。"

佛还是摇头说："你也不知'道'。"

佛问最后一弟子，那人说："人命在呼吸间。"

佛说："你知'道'了。"

这个故事告诉世人：人生短暂，生命不过呼吸间，所以，我们应该心存感恩，珍惜现在所拥有的一切。

一对恋人相约在一家餐厅吃饭，女孩先到了，她并没有责怪姗姗来迟的男友，而是先点了男友最爱吃的饭菜。等饭菜上的差不多的时候，男友现身了。

这顿饭男孩吃得很心不在焉，女孩能明显感觉到他的焦急，因此就匆匆吃完了饭，并主动提出自己可以回家，不用他送了。男孩没怎么想就答应了，匆匆说了句“到家给我打个电话”，就消失在夜色中，也消失在女孩若有似无的失望眼神中。

男孩脑子里想的全是领导临时安排的紧急项目，领导要求他今晚就赶制出来。所以，男孩飞快地跑回了公司，飞快地跑到了自己的位置，飞快地敲打着键盘，很快男孩就沉入加班的工作状态中，直到一个电话把他拉回现实。

这个电话是从警局打来的，给他打电话的刑警向他确认刚出车祸的女孩的特征。刑警在电话那头说：“我们从死者的手机上看到了你的电话，女孩临死前好像要拨这个电话，她没拨出去就死了，所以，我们给你打这个电话。你能告诉我们死者有哪些特征吗？比如她今晚戴什么耳环，穿什么外套，是长发还是短发？女孩有什么特殊标志？”

男孩悲痛万分，哽咽着说：“今晚我们一块去吃了饭，我急着忙我的工作，就让她一个人回家了，我记不得她的样子了。”

刑警很严肃地说：“你能告诉我，你们什么关系吗？”

男孩被这个问题问得更加痛哭流涕起来。我还是她的男友吗？我大脑怎么短路了？我怎么一点都记不起她最后的样子了呢？

男孩没有回答刑警的这个问题，只是说：“我马上就到，我马上就到。”

不一会儿，男孩就奔到警察局，找到停尸房。他踉跄着走到女孩身边，拉着女孩的手，哭着说：“我现在终于看清了你，看清了你的发型、你的耳环、你的外套。是我不好，是我疏忽了，一直以来，我已经习惯了你对我的好，习惯了你的善解人意。我并没有按我当初许诺的那样对你好、照顾你，求求你，原谅我，原谅我。”但是女孩再也没有回应他。

泪眼朦胧中，他好像看见了女孩。女孩幽怨地说：“现在你知道珍惜了，可惜一切都已经晚了。”

生活中，我们很多人都有过类似男孩的沉痛经历，或许没有这么惨痛和决绝。拥有的时候，不知道珍惜，失去了才觉得可贵。这又是何必呢？在谈一段感情时，如果能学着不那么自私和不成熟，这样就能抓住自己的幸福了。莫等到想珍惜的时候已经不再拥有。

佛说：懂得感恩惜福，就有佛心。有佛心就能得到幸福。女孩选择了物质，失掉了真爱。想珍惜的时候，已不能再拥有。所以，失去了，就让“那些痛的记忆，落在春的泥土里，滋养了大地，开出下一个花季。风中你的泪滴，滴滴落在回忆里，让我们取名叫做珍惜，让我们懂得学会珍惜”。

生活中，很多人学会了珍惜眼前人，他们对对方关怀备至，在事无巨细中牢牢控制了对方。须知，感情、婚姻就如抓沙，当我们轻轻地抓住，那沙子就是圆圆满满的，没有流失一点。但是用力握紧双手，沙子立刻就会从你的指缝间泻落下来。而当你再把手张开时，原来那捧满满的沙子已所剩无几，其团团圆圆的形状，也早已被压得扁扁的，毫无美感可言。

感情和婚姻需要彼此的宽容和理解，需要一定的空间，抓得越紧，就如同枷锁，会让人窒息，反而会适得其反，弄巧成拙。越想抓住，越抓不住，越想抓得紧，反而越容易失去，或者失去的反而越多。

不要把很多事情想的过于复杂和阴暗，简单也是一种幸福，不是吗？闲暇时去抓一下沙子，练习一下抓住爱人的手法，不松不紧，对方却永远跑不了。

所以，让我们在感受幸福、珍惜所拥有的幸福时，不要握得太紧，不要让幸福流失。

分享的人生不寂寞

言语，以简重真切为第一；平生无一事可瞒人，此是大快。

——弘一法师

科学研究告诉我们：调节心情最好的方法莫过于找到知心的人倾诉和沟通。在交谈中，两人的心理状态（喜怒哀乐）会慢慢水乳交融，生理状态（体温、心跳等）会慢慢变得一致，很快就能达到琴瑟和鸣的愉悦状态。所以，与人沟通、学会分享是提升情商和快乐的有效方法。

笑笑三岁，要上幼儿园了，临行前，妈妈给她剥了一个橘子，她问妈妈：“妈妈，为什么橘子不是整个的，而是一小瓣一小瓣的？”

妈妈说：“那是橘子在告诉你，只有学会分享，才能享受到生活的甘甜和醇美。你去幼儿园了，要学会把东西分一半给小伙伴，把玩具让给同伴们玩。”就这样，笑笑受到其他小朋友的欢迎和大人的喜爱，而且很快适应了幼儿园的集体生活和整个新环境。

转眼笑笑要上初中了，临行前，妈妈告诉她：“你如果有6个苹果，你自己留下1个，把另外5个让给别人吃。别人可能不会马上还给你什么，但是等别人有水果的时候，就会想到你，就会给你。这样你就能尝到6种不同水果的味道，也能交到5个好朋友。”这样笑笑一路欢歌，过完了充实的初中生活。

笑笑要上高中了，临行前，妈妈说：“与人分享苹果，得到的是不同颜色、不同味道的水果，但是与人分享的如果是思想，你得到的就会是不同的思想和思维。上高中了就是大姑娘了，要学会与人进行思想、物质的分享，这样你生命的丰富性就会成倍增加。”就这样笑笑的高中生活毫无悬念，不仅充满了欢笑，她也俨然成为学校的思想达人。

转眼笑笑要上大学了，她主动问妈妈：“这次，您又要给我讲什么呢？”妈妈笑了，轻声地说：“我给你讲个故事吧。”

妈妈开讲了：“一个风雪交加的冬天，一个卖包子的和一个卖被子的同时来到一座破庙中躲避风雨。天晚了，卖包子的很冷，卖被子的很饿，但是他们都认为对方有求于自己，所以谁也不先开口。过一会儿，卖包子的说：‘吃一个包子。’卖被子的则说：‘盖一床被子。’又过了一会儿，卖包子的又说：‘再吃一个包子。’卖被子的也说：‘再盖一床被子。’就这样，一个人一口接一口地吃包子，一个人一条接一条盖被子，谁也不愿主动开口求对方。最后，卖包子的冻死了，卖被子的饿死了。”

笑笑听后沉默了，似有所悟，一会儿，她就活跃地对妈妈说：“妈妈，我知道您的深意了。我在大学校园里，一定会主动帮助别人的，我自己有难处了，我也不爱面子，会主动向人求助的。我不会做那个自我封闭、死到临头都不主动的傻瓜的。”听完，妈妈欣慰地笑了，她放心了。

果然，在大学里，笑笑是人见人爱、花见花开的开心果，就像什么时候都没有烦恼似的，她不仅顺利完成了学业，还计划着出国。她还想与外国友人交朋友呢！妈妈支持她的任何想法。

临出国前，笑笑再次让妈妈说点什么，妈妈就笑了，说：“你不要光与别人分享你的喜怒哀乐，我和你爸爸也想分享你的故事，分享你的人生。”说完，笑笑就拥住了妈妈，动情地说：“我的人生就是你们给的，我怎么会忘记分享给你们呢？”

佛家讲“布施”“慈悲喜舍”“利益众生”，如果你样样都能舍得，样样可以与众生共享，这样的分享在一定意义上就是快乐。

佛经上说：未学佛法，先结人缘。学会主动与人分享，就能与人结缘。一个人结缘越广，得到的回报就会越大。

在生活中，要想得到帮助、快乐与幸福，就要先学会与别人分享快乐和幸福，先学会帮助别人。其实，利己与利人是一体的。人生在世，谁都不可能孤立地存在，个人的幸福从来就是与别人的幸福、大家的幸福紧密地联系在一起的。别人快乐，你自然就会快乐。因此，分享你的幸福，幸福就会倍增，分享你的痛苦，痛苦就会减半。分享越多，你越会感到幸福和快乐。

反过来，有了快乐，不能分享，那才是世间最痛苦的事呢！有一个笑话就很能说明这个问题。

一位酷爱打高尔夫球的犹太教长老，在安息日忽然手痒难耐，很想去挥杆。但是，犹太教义有明文规定，所有信徒必须在这一天休息，什么事都不能做。

他实在没能忍住，就偷偷去了高尔夫球场，想着神不知鬼不觉地偷偷打9洞就作罢，但是，他还是被万能的上帝发现了。上帝一脸“坏笑”地说：“我一定会严惩他的。”

那人每次都是一杆进洞，高兴无比的他就又继续打了8个洞。

站在一旁的天使很不解，就问上帝：“你看他多高兴，这就是你对他的惩罚吗？”

上帝神秘莫测地笑了：“是的，你想想，他的成绩如此惊人，堪与世界级高尔夫球手媲美，他的心情肯定兴奋无比，但是却不能与别人说，这不是最好的惩罚吗？”

与这个长老遭遇相仿的是发现国王长了一双驴耳朵而不能说出去的理发师，他只好去森林里对着树木高喊几声。可见，生活需要分享，无论快乐还是痛苦。找不到人分享，不能与人分享，就是最憋屈、最寂寞的事，就不能感到生活的愉快。这也从反面说明了分享的意义。

漫漫人生路，不要一个人走，学会与人分享你的生活和一切，就能交到很多真心朋友。能够分享、善于分享是一种胸怀、一种境界、一种幸福，它会使我们更幸福、更智慧、更富有。所以去除我执我爱和自私自利，学会分享，幸福就会不请自来。

人生是一场心灵的静修

谦退是保身第一法，安详是处事第一法，

涵容是待人第一法，恬淡是养心第一法。

——弘一法师

练过瑜伽的人都知道瑜伽是身体的静修，通过瑜伽，可以让我们的意识从繁忙的工作与生活中回归到自我的身体，这样我们就能掌控自己的意识，从而达到境由心生的境界。让意识和杂念回归平静的过程就是佛家意义上的静修。

繁华喧嚣都市，有一种人的工作和心境最接近禅，他们就是那群可爱的环卫工人。

每天凌晨 4 点钟，当整个城市还处在寂静中，我们大多人都还沉浸在甜美的睡梦中时，他们就静静地开始一天的工作。恍惚中，我们依稀能听见街上“刷刷”“沙沙”的声音。

他们每天工作十几个小时，日复一日地干着最脏最累的工作，他们没有半句怨言，虽然也觉得苦累，但是也已经习惯了。他们的工作最接近佛家所说的清修、苦修。这是一种生活方式和思维方式，一种追求自然、纯粹的境界。

他们布施给人们干净整洁的城市，通过修行，正确地对待客观事物，不受外界任何事物的影响，消除了不当的欲望、杂念，从而获得高层次的心理平衡，所以他们是当之无愧的城市的静修者。

然而什么事都是说容易做到难，他们也有自己的心灵障碍。

一环卫工人向禅师诉苦：“我最近很困惑，无心工作，干什么都心不在焉的。”

禅师引导他说下文。他说：“我是一环卫工人。每天起早贪黑地工作，收入微薄，丈母娘认为我没有出息，认为她女儿跟着我只会吃苦，现在正挑唆她女儿跟我离婚呢！”

禅师笑笑说：“那你妻子什么想法呢？你们有孩子吗？”

他说：“我妻子倒是很支持我的工作，不介意我的工资，但是我一想到不能给她物质上的幸福，我就觉得很惭愧。我们有个可爱的女儿，今年六岁，从不问我要这要那，她很懂事，有时还陪我一起扫大街，我感到很欣慰，但是一想到不能让她接受最好的教育，我就痛苦万分。我自己也觉得我无能，没有出息。”说完男人沮丧地垂下了头。

禅师还是笑着说：“那么，你工作快乐和充实吗？”

男人听到这话，整个人就精神焕发起来，高兴地说：“我的工作虽然很辛苦劳累，但是当我看着脏乱差的街道在我的扫帚下重新变得一尘不染时，我的心也跟着纤尘不染起来，那是一种说不上来的快乐和满足。我很享受我的工作。”

禅师说：“你全心全意活在当下，将心念停留在当下，修炼了心性，自然能享受工作，得到快乐。工作本身没有高低贵贱之分，只是社会分工不同。工作岗位不同，带来的利益也不同。没有你们，人们也没有心情在大街上行走、吃喝玩乐。人只要辛勤努力和默默付出，一定会得到回报。世界上没有没前途的工作，只有没前途的人。”

男人听了，愁眉舒展了，他微笑着说：“大师，我知道了。我不会再胡思乱想了，我不会再让别人的言论左右自己，我会一心一意地工作，做好自己的本职工作，做好真正的自己，我相信我会使妻子女儿生活得幸福，我会向丈夫娘证明我的能力的。”

男人带着笑脸走了，他以后也带着笑脸快乐地工作，他不断地进取，十几年后，最终成为这个环卫公司的总负责人。

环卫工人每天都在静修，没有任何杂念，不嫌弃、不抱怨、不攀比，一心一意做好该做的事，这样心灵就会简单，就会纯净，最终他靠着自己一点一滴的努力，一步一个脚印，走出了自己的路。

朋友，不管现在的你从事什么工作，处在人生的什么阶段，不管过往的生活有多糟糕，都不要去回忆它，要全心全意将自己灌注于“现在”。专注之后，再渐渐地将心念专注的点延伸成一个“片”，一大“片”，慢慢地，“专注”就延续成一种习惯，就能安享生命的每一天、每一个“此刻”，也能专注地做事，做好本职的工作，并承担起更多的责任，这样就能活出自己的价值，得到更多的回报，这样的人生也是最真实的、最有意义的人生。

在尘世中安下心来，用一种圆满的内心状态看待变幻无常的世界，生命才能在“静”中得以升华，心灵也才能在“静”中体味到生活的真意。所以，人生就是一场心灵的静修，一场与任何人都无关的独自修行，这是一条悲欣交集的道路，请相信路的尽头一定有礼物——就看你能否做到静修。